范晶晶

武汉工程科技学院 环境设计专业 副教授

武汉尚美饰家装饰设计有限公司 设计顾问

获奖情况：

2011年 第四届国际设计美术大奖赛 金奖

2012年 湖北省总工会 湖北五一劳动奖章

2012年 湖北高校第五届美术与设计大展 银奖

2016年 湖北省大学生信息技术创新大赛“未来教师”二等奖

2016年 作品入选第七届全国环境艺术设计大展

2016年 巴塞罗那国际设计比赛 三等奖

2017年 湖北省教育厅 第六届大学生艺术节艺术教育科研论文 一等奖

2018年 湖北省教育厅“学院空间”青年美术作品大赛 银奖

2019年 第六届中国高等院校设计作品大赛 一等奖

主要作品：

《室内设计手绘效果图表现》（南京大学出版社）

《展示设计表现技法》（合肥工业大学出版社）

《室内设计基础》（华中科技大学出版社）

完全绘本

The Painting Technique of

INTERIOR DESIGN

室内设计
手绘效果图技法详解

范晶晶 著

长江出版传媒 湖北美术出版社

图书在版编目（CIP）数据

室内设计手绘效果图技法详解 / 范晶晶著.

-- 武汉:湖北美术出版社，2021.11

（完全绘本）

ISBN 978-7-5712-1101-1

Ⅰ. ①室…

Ⅱ. ①范…

Ⅲ. ①室内装饰设计—绘画技法

Ⅳ. ①TU204

中国版本图书馆CIP数据核字(2021)第198692号

策　　划：龚　黎

责任编辑：龚　黎　靳冰冰

技术编辑：吴海峰

书籍设计：龚　黎　靳冰冰

出版发行：长江出版传媒　湖北美术出版社

地　　址：武汉市洪山区雄楚大街268号

电　　话：（027）87679533　87679525　87679520

印　　刷：武汉精一佳印刷有限公司

开　　本：635mm×965mm　1/8

印　　张：17

版　　次：2021年11月第1版　　2021年11月第1次印刷

定　　价：68.00元

感谢您的关注与支持，如果您有好的建议和想法，请和我们联系。我们将认真对待每一个声音。

如有好的作品欢迎将电子文件发送至邮箱：212890198@qq.com

FOREWORD

前 言

在环境艺术设计发展的过程中，手绘效果图起着越来越重要的作用。作为一个杰出的设计师,一定要具备出色的手绘功底。手绘效果图能够体现设计师的基本功底和艺术修养，也是设计师与客户沟通的桥梁，它能体现设计师对事物的理解并诠释设计的理念。

许多同学在学习绘制室内效果图的过程中会遇到诸多困难。比如：看到优秀的作品不知道如何临摹，或者是在绘制时觉得“是笔在控制你，而不是你在控制笔”，很难准确地表现出想要的效果。

面对种种难点我希望与各位读者共同探讨、进步。因此本书从基础教学入手，以简单的例子为切入点，从线条的表现到上色的技巧，一步步记录每张效果图从起稿到完成的过程。使读者通过循序渐进的练习，掌握手绘效果图的表现技法，提高手绘能力，从而能快速、准确地表达设计构想，加强对空间的理性认识。还可以在深化设计的过程中，快速记录脑中的灵感，开拓并激发出更多设计方案的可能性，不断提升手绘以及创作能力。

CONTENTS
目 录

第一章 绘画工具

第一节 画笔及辅助工具

铅笔

铅笔是绘制效果图的必备工具，用铅笔起稿可以反复修改，得到最好的画面效果。软硬适中的2B铅笔比较适合用来起稿。

水性笔

水性笔多为圆珠型笔尖，书写流利，所画线条粗细均匀，笔迹快干，便于保持画面清洁，是练习手绘基础的好工具。

针管笔

针管笔的型号种类较多，针管管径的大小决定所绘线条的粗细，可以画出精确且粗细不变的线条，适合表现较为细致的画面和细节。

钢笔

钢笔分为普通书写钢笔和美工钢笔两种。用普通书写钢笔画出的线条挺拔有力且富有弹性；用美工钢笔则能根据下笔力度和角度的不同，画出粗细变化丰富且有肌理效果的线条。

蘸水笔

用蘸水笔所画的线条能根据下笔的力度、角度和所蘸墨水量的不同，产生灵活的粗细变化，使画面生动有感染力。

马克笔

马克笔是绘制效果图的主要表现工具之一，分为油性和水性两种。油性马克笔的笔迹快干、耐水，颜色多次叠加不会伤纸；水性马克笔的笔迹色彩亮丽有透明感，可溶于水，但多次叠加后颜色会变灰暗且容易伤纸。两种马克笔交替使用可以取长补短，达到最好的画面效果。

彩色铅笔

彩色铅笔分为油性和水溶性两种。油性彩色铅笔色彩较鲜艳不溶于水；水溶性彩色铅笔色彩较柔和，蘸水后可以表现水彩效果。彩色铅笔的绘画效果具有层次感，可以反复叠加，与马克笔配合使用可以表现出丰富的效果。

马克笔、收纳盒

修正液

修正液又称涂改液、立可白，是一种白色不透明快干颜料，可以用来修改和修饰画面，还可以表现高光效果。

绘画板

在绘图时最好使用绘画板，将绘图纸用胶带固定在上面，可以使画纸平整，不易产生褶皱和受潮变形。

卷笔刀、美工刀

卷笔刀用来削笔。美工刀用来裁切画纸和削笔，且削出的笔头有特殊纹路，能画出有不同肌理效果的线条。

注射器、酒精

当油性马克笔变干时，可以用注射器从笔头往笔内注射酒精，这样能延长马克笔的使用寿命。加注酒精的次数越多，画出的颜色就会越淡。水性马克笔变干时则直接加注清水，注水后画笔的颜色也会越用越淡。

马克笔袋、工具箱

利用专业的马克笔袋和工具箱可以进行归类收纳，这样使用起来更方便，可以提高工作效率。

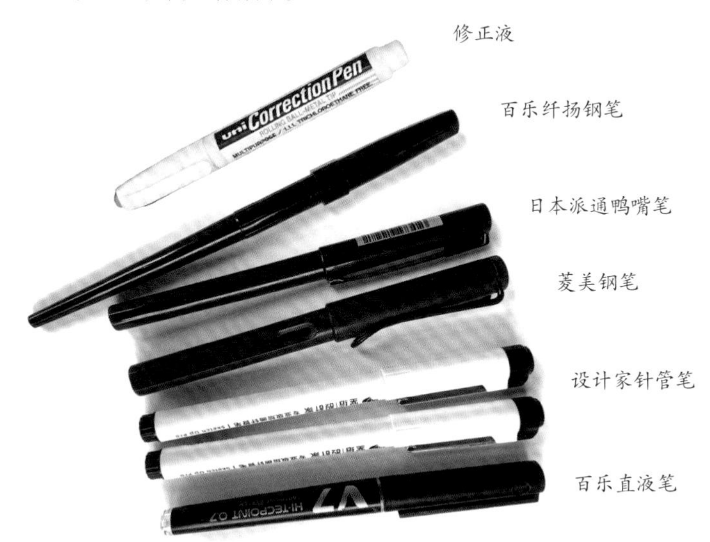

彩铅、笔袋

第二节 画纸

1. 纸张类型

纸张的种类很多，在室内设计效果图表现中主要用到的是复印纸、硫酸纸、马克笔专用纸，其他纸张使用率相对较低，大家可以多尝试，找到适合自己的纸张。

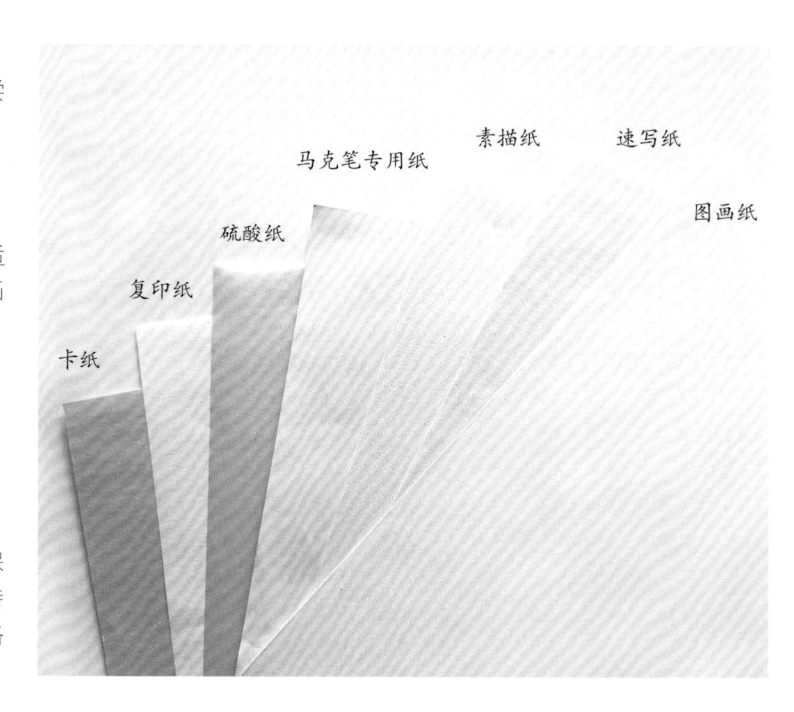

复印纸

复印纸纸面光滑细腻，价格较低，适用于基础练习，但吸水性适中，经过多次涂画后会出现晕染和渗透的情况。可以用复印纸将画好的线稿复印多份，尝试不同的上色效果。

硫酸纸

硫酸纸质地密实、薄脆，呈半透明状，绘图时通常作为辅助工具，便于修改和调整，是用作拷贝和临摹的理想纸张。

马克笔专用纸

马克笔专用纸属于中性无酸纸张，长时间存放不易变黄，使作品保存时间更长久。经过多次涂画后色彩仍然不晕染和渗透，还能保持原色不失真，使画面效果更出色，是手绘效果图的最佳纸张，价格较高。

2. 画笔在不同纸张上的表现效果

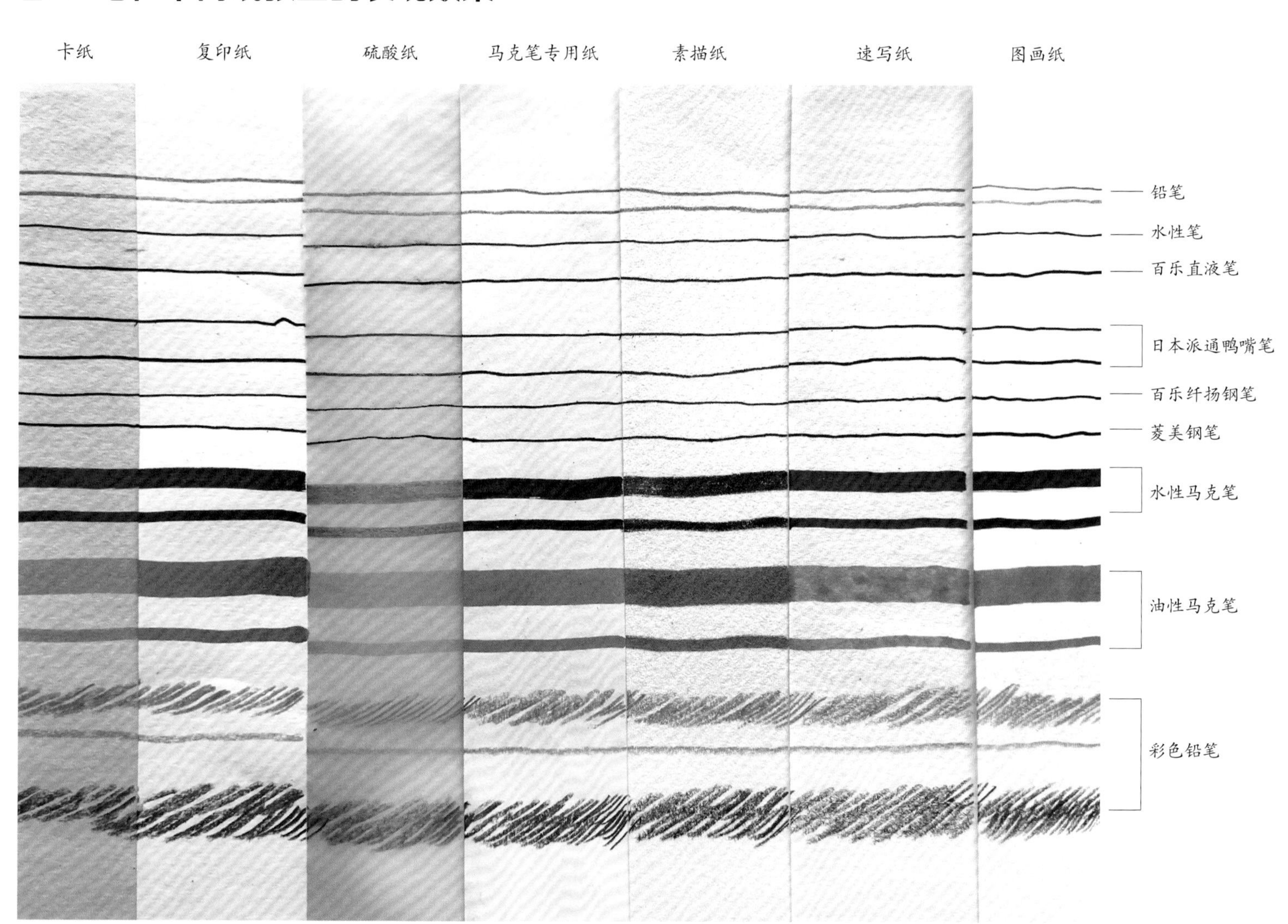

第二章 手绘表现基础

第一节 线条的语言

线条是手绘表现的灵魂，是造型的基础。线条的曲直可以表现物体的动静；线条的虚实可以表现物体的远近；线条的刚柔可以表现物体的质地；线条的疏密则可以表现物体的层次。优美的线条要求一气呵成，流畅有力，生动自然。熟练运用线条的语言是传达创作思想的起点。

起笔 ——→ 行笔 ——→ 止笔

快画线——强调起笔和止笔的停顿点，中间线条用笔迅速、干练，一笔到位。适用于线条简练、平滑的形态。

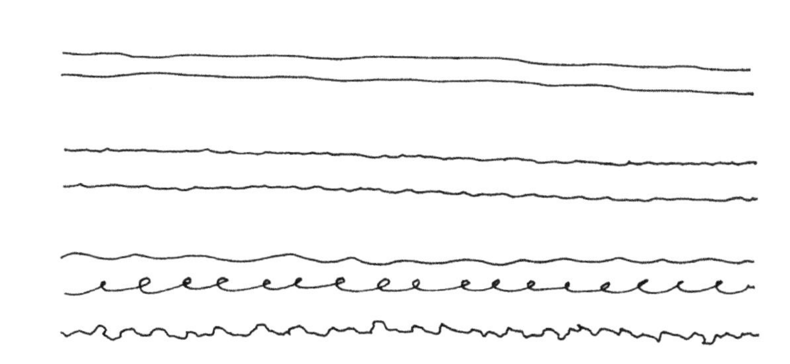

慢画线——适当加强起笔和止笔的停顿点，中间线条用笔舒缓、均匀，在保持大方向不变的情况下，可增加抖动的韵律，使线条自由松弛。适用于表面柔软，有肌理感的形态。

第二节 线条的表现

1. 如何画线

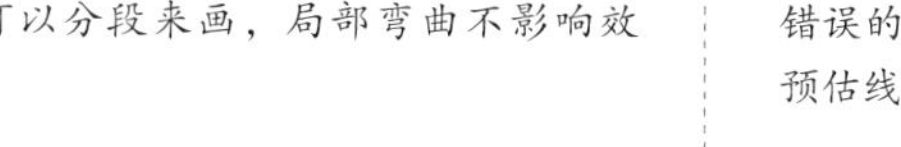

正确的线条

下笔放松，笔迹流畅。如果线条过长可以分段来画，局部弯曲不影响效果，整体走势保持较直即可。

错误的线条

错误的线条会因为反复描绘出现节点较多、接头不自然等问题。下笔前要预估线条的长度和走势，避免出现线条大方向倾斜的问题。

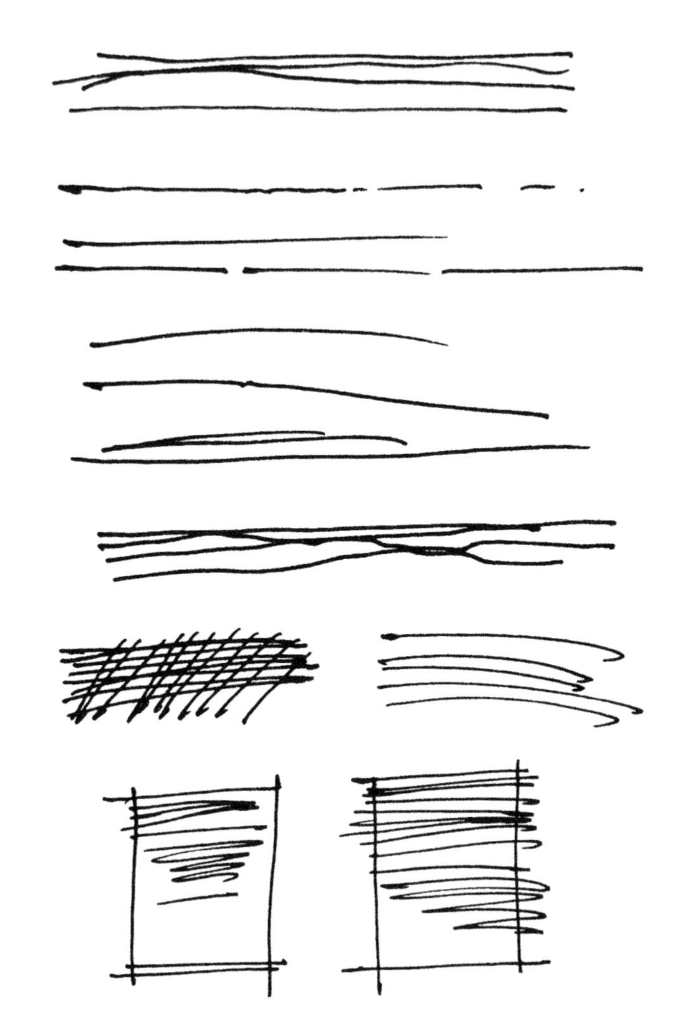

2. 不同线条的对比

拘谨的线条

轻松的线条

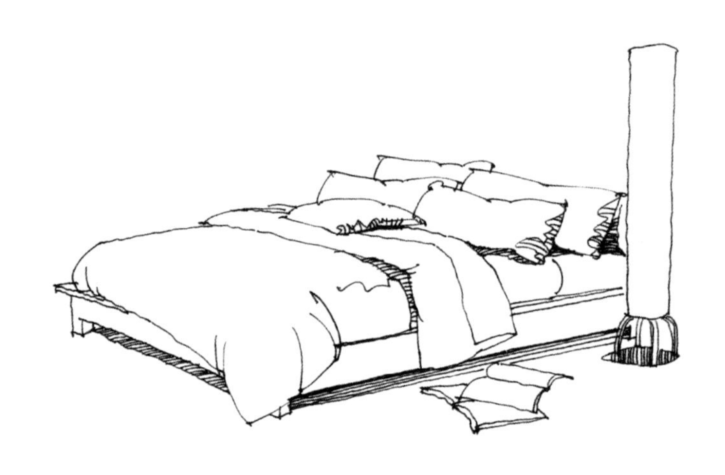

第三节 线条的应用

1. 用线条表现明暗

当物体的轮廓结构勾勒出来后，可以通过线条快速表现明暗关系，使其立体感更强。排线的方向可以顺应轮廓结构垂直或平行的角度，也可以倾斜30° 或45° 左右，切记排线要间隔均匀、分明，线条简洁、肯定，有一定的疏密变化，且首尾不宜超过结构。在练习的时候，可对生活中常见的小物进行速写，这样不仅可以增强手绘能力，为快速造型能力打下基础，还能积累素材，应用在效果图的创作中。

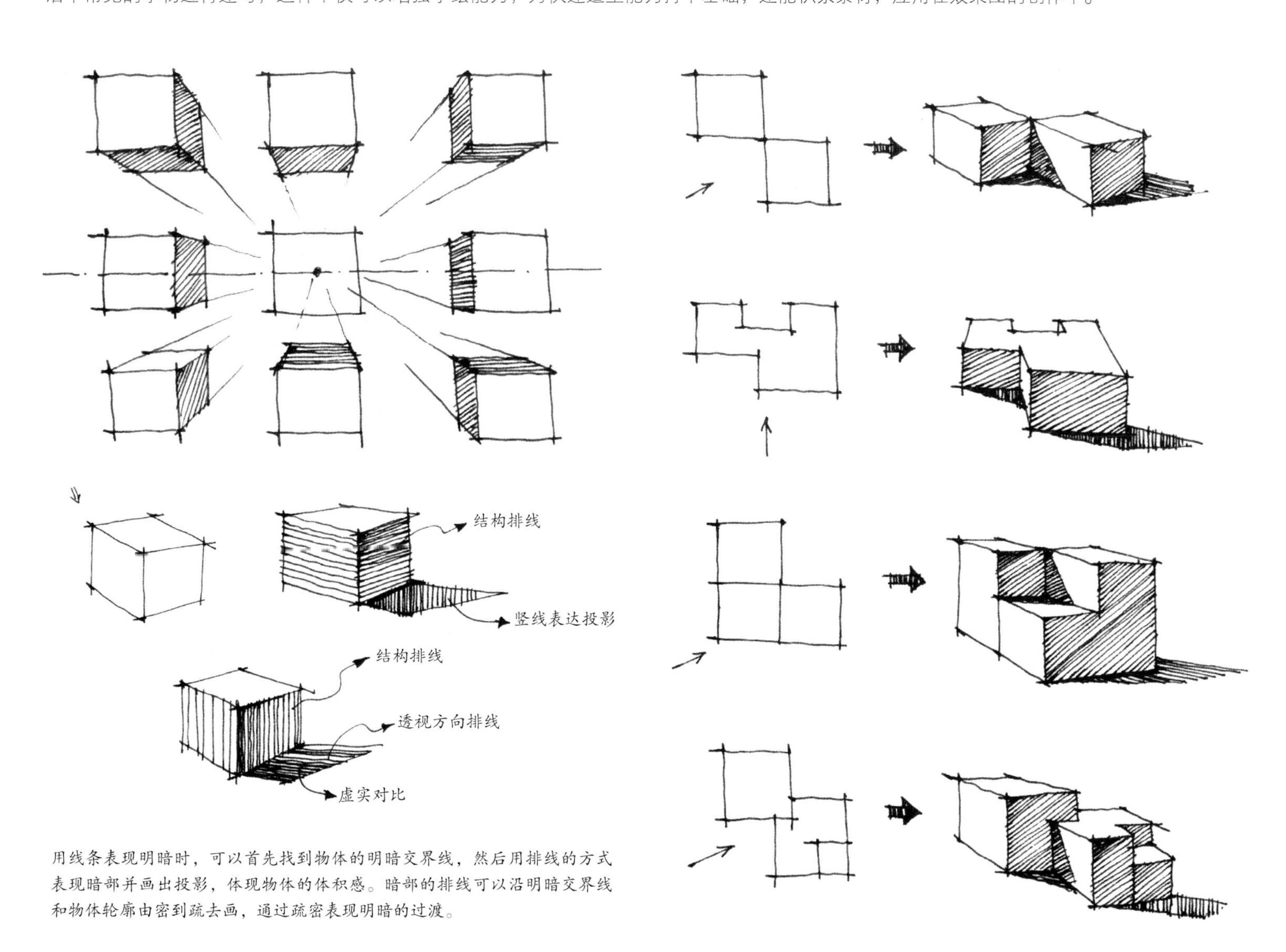

用线条表现明暗时，可以首先找到物体的明暗交界线，然后用排线的方式表现暗部并画出投影，体现物体的体积感。暗部的排线可以沿明暗交界线和物体轮廓由密到疏去画，通过疏密表现明暗的过渡。

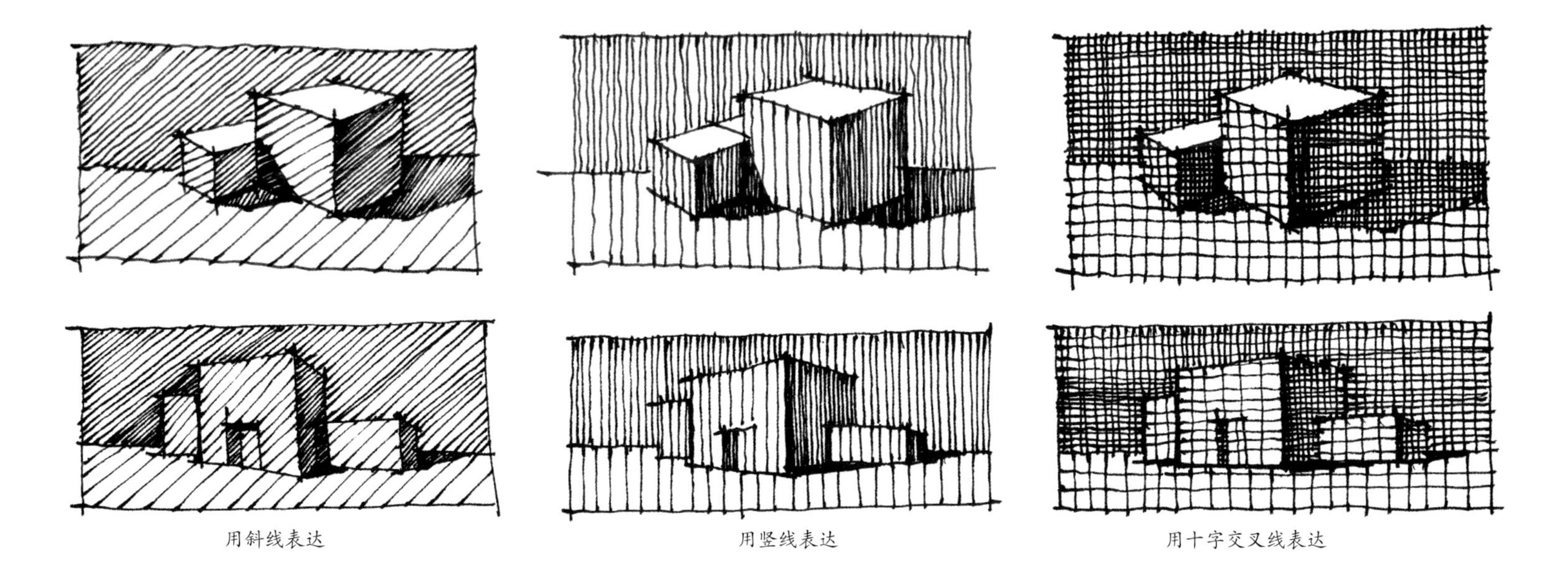

用斜线表达　　用竖线表达　　用十字交叉线表达

2. 用线条表现材质

室内设计选用的材料是多种多样的，且在不断更新发展，涌现出更多更好的新型材料。因此在绘制效果图时要根据设计的需要，真实地表现出材料的应用效果。常见的材料有石材、木材、玻璃、砖材、藤制品等，其中每种材料都有好几种表现方式，将各种素材的表现效果图进行归纳整理，便于创作时参考使用。

我们通过线条的变化来表现材质的不同，当材质有透视变化时，线条的绘画形式还要根据透视的方向加以变化。

做好过渡，体现虚实关系、透视关系等，都需要绘画者有熟练的绘画功底与较强的概括能力。勤奋练习是提高手绘能力的有效方法。

不同材质的表现

有透视的材质表现

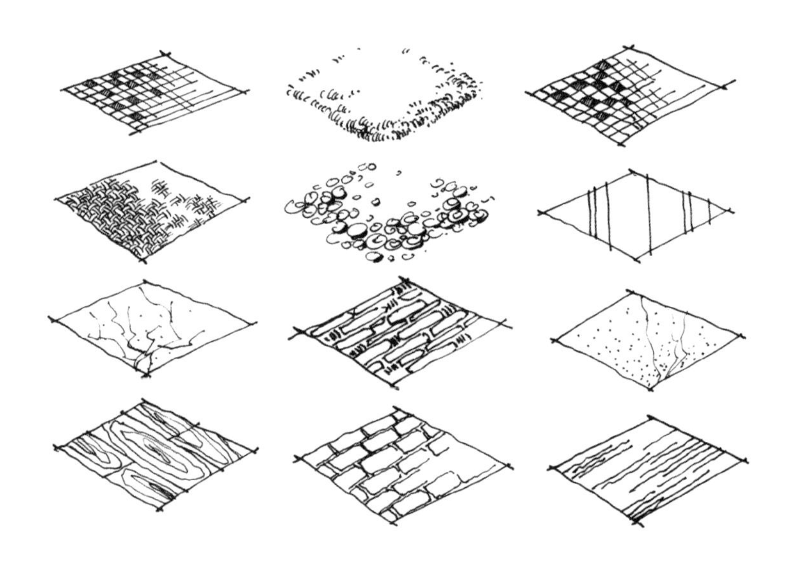

3. 用线条表现明暗和材质

当物体的肌理感较强时，线条的走向要根据其表面的肌理特点来绘制，在此基础上再加深或减轻线条来表现明暗关系。

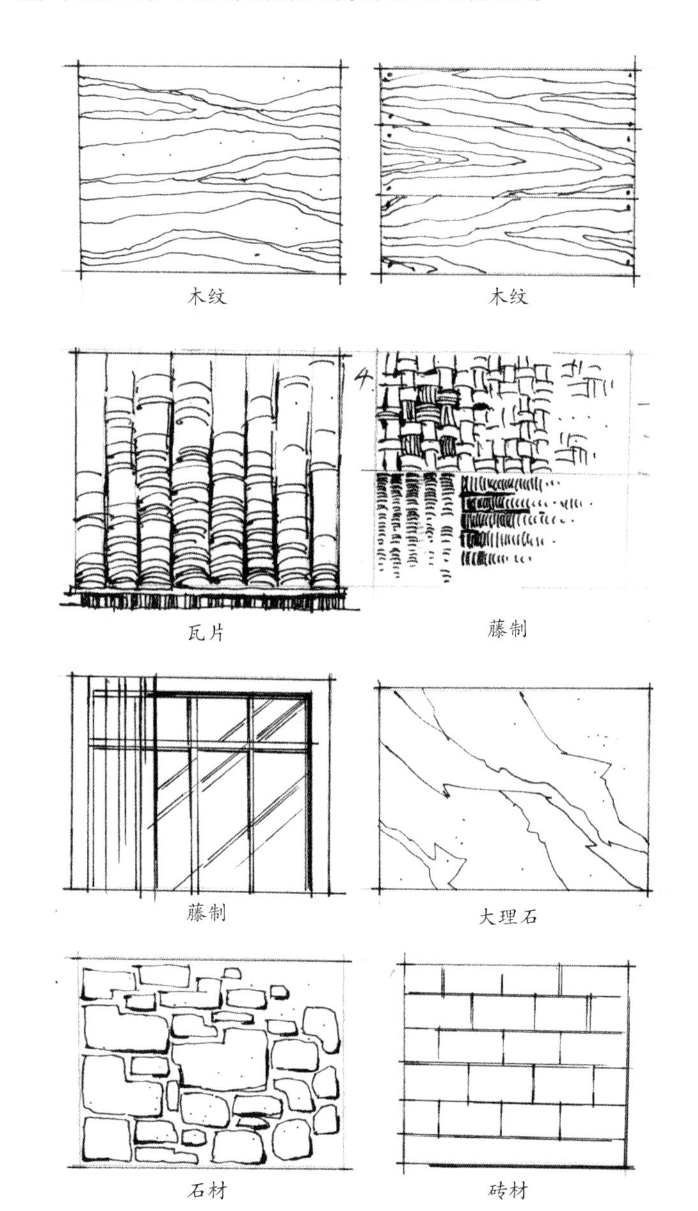

第四节 线条的练习

对线条的熟练运用需要日积月累的练习，不是一蹴而就的。掌握合理的用笔方式，准确的线条规律，通过不断的、重复的、有效的练习，就能够笔随心、线随意地画出流畅的线条了。

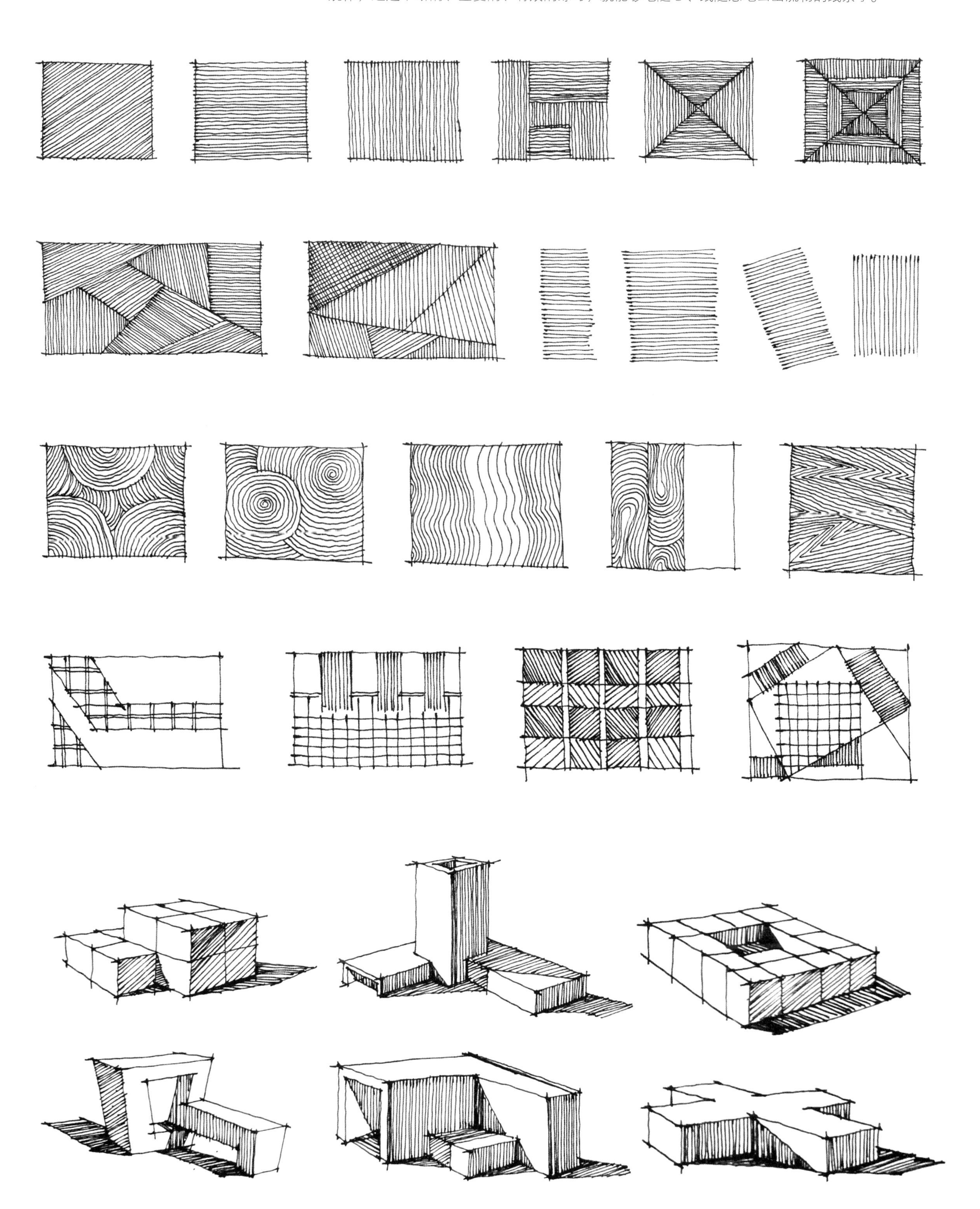

第三章 透视表现基础

第一节 透视的概念

透视

透视是一种绘画方法的理论术语。最初研究透视是采取通过一块透明的平面去看景物的方法，将所见景物准确地描画在这块平面上，即成为该景物的透视图。后来人们在平面画幅绘画时找出了一定原理，并将用线条来显示物体的空间位置、轮廓和投影的科学称为透视学。

透视图

透视图是一种将三维空间的形体用具有立体感的二维画面表现出来的绘画作品。

透视学中的基本术语

视点（EP）：绘画者观察对象时眼睛的位置。视平线（HL）：观察对象时与视点等高的一条假想水平线。灭点（VP）：与视线平行的线在无穷远交汇集中的点，也称消失点。视心（CV）：从视点开始垂直于画面的点称为视心。

第二节 透视的分类

准确地应用透视是保证手绘效果图品质的关键。在实际工作中，正确的透视也是准确表达设计师创作意图的基础。只有符合透视的要求，将事物和空间正确地表现在画面上，才能顺利地与客户交流和沟通，并有助于设计中对事物体积设定的把握，完善设计。要掌握透视的应用方法和技巧，首先要掌握透视的分类，然后合理运用不同的透视方法来表现不同场景。

透视分为平行透视（一点透视）、成角透视（两点透视）和三点透视。其中平行透视与成角透视都是我们在绘制室内设计效果图时经常选用的透视方式，三点透视则适合表现较高大的物体和空间，多用于室外设计效果图。

1. 平行透视

在一个空间里垂直于视平线的纵向延伸线都汇集于一个灭点，而空间里最靠近消失点的面平行于视平面，这种透视关系叫平行透视。

平行透视是室内设计效果图比较常用的表现形式，这种透视形式使画面表现范围大，有纵深感。比较适合表现庄重、宁静的环境。

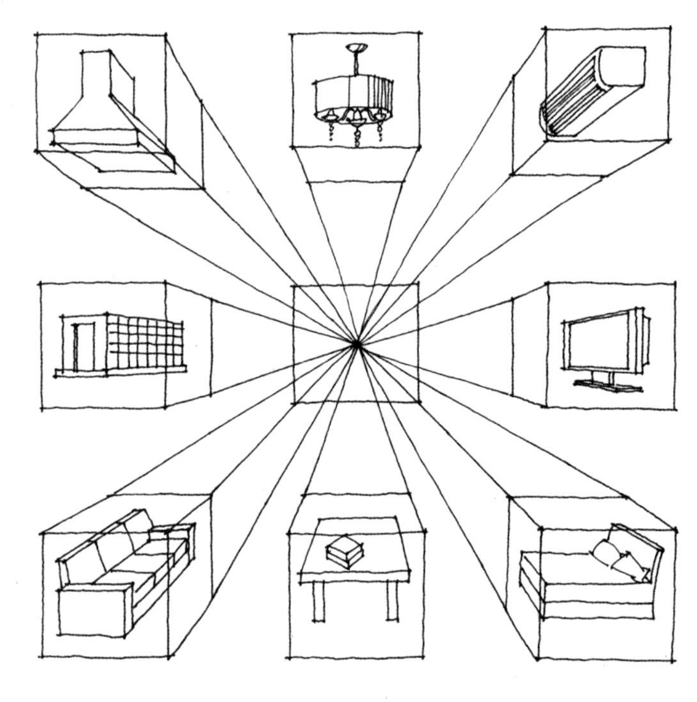

平行透视图

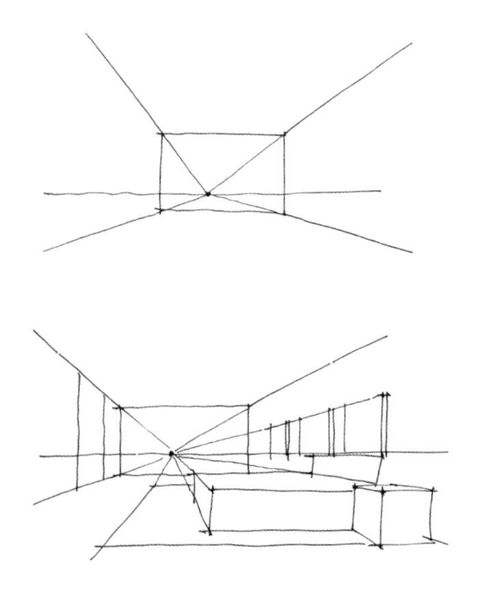

卧室平行透视图

2. 成角透视

成角透视是指观察者从斜角而不是垂直的角度去观察对象，因此观察者看到对象的多个面消失在两个消失点上，并且两个消失点处在一条水平线上，这种透视关系叫成角透视。

成角透视也是室内设计效果图比较常用的表现形式，成角透视的画面具有生动性和艺术性，在这种透视中表现的画面内容一般能看到四个面，即：左右墙面、顶面和地面。因此成角透视被广泛应用在卧室、卫生间、玄关等较小空间的表现中。

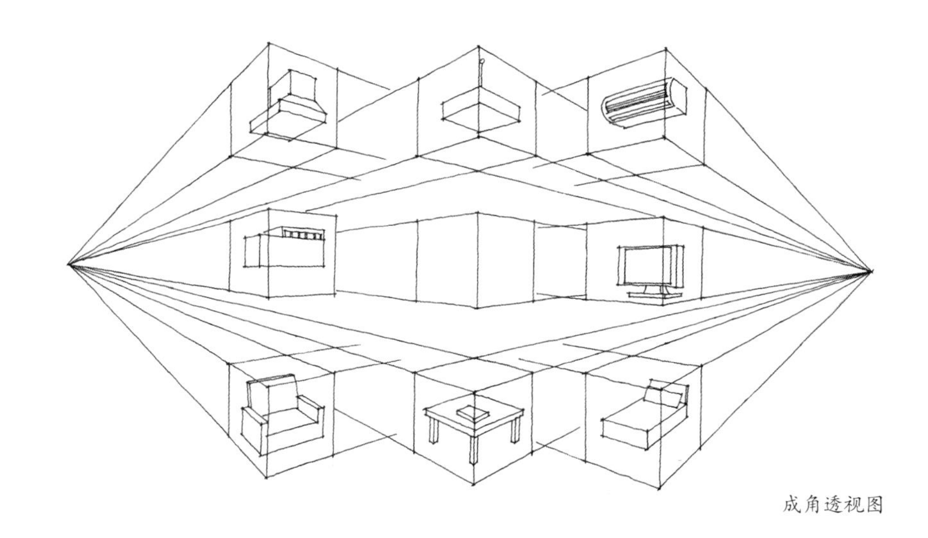

成角透视图

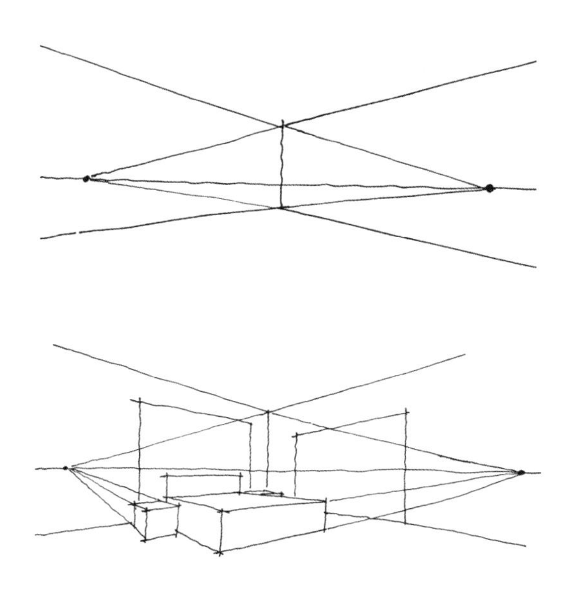

卧室成角透视图

3. 平行透视与成角透视的综合应用

在平行透视的画面中往往会出现一些成角透视的物体，这种情况在室内设计效果图中较常出现，这种透视形式较为复杂，但是能使画面更加生动逼真，有层次感和空间感。起稿时要确定两种透视的主次关系，避免造成画面混乱无序。

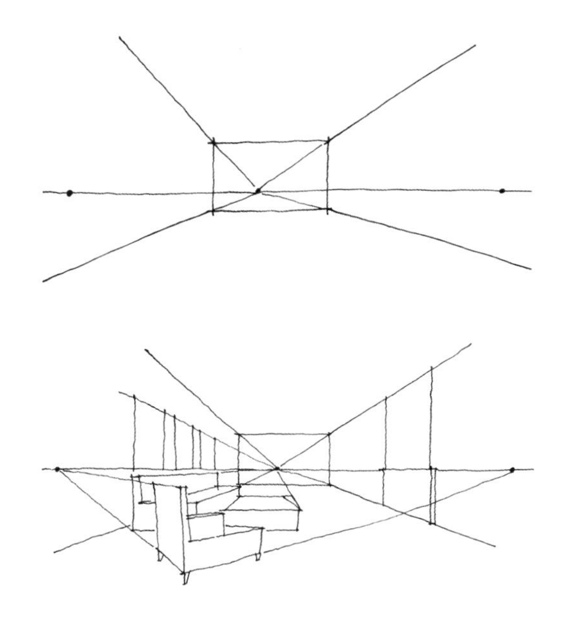

客厅综合透视图

第三节 视平线位置的选择

1. 视平线居中

室内设计效果图视平线位置的选择很关键。视平线居中，可以同时表现空间中的各个面，画面重点较平均，构图相对对称。

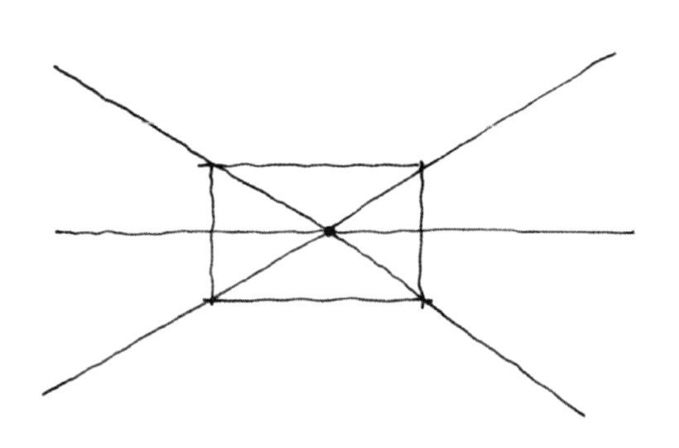

2. 视平线偏高

视平线偏高时，画面中地面占较大空间。视平线偏高可以着重表现地面的设计，如：底板、家具等。这样使画面的重心提高，形成俯视角度。

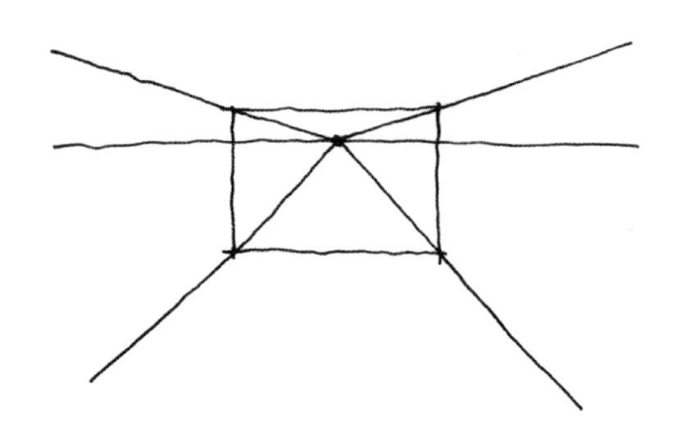

3. 视平线偏低

视平线偏低时，画面中顶部占较大空间。可以很好地表现顶面的设计，如：灯、吊顶等，也可以突出空间的层次感，适合表现较高的空间。

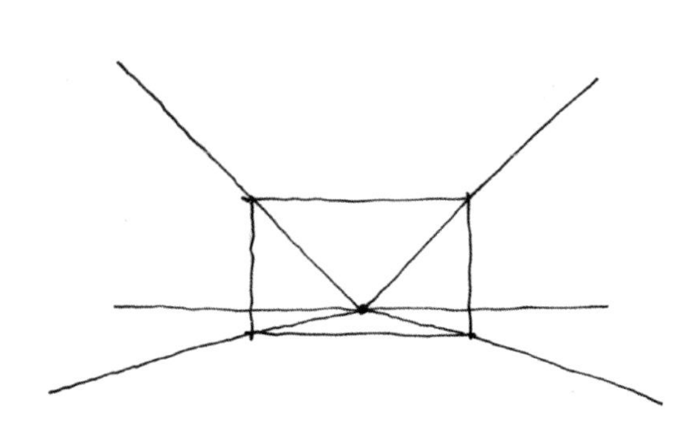

第四节 视点位置的选择

1. 视点居中

视点居中时，画面内容有对称、稳重的效果，适合表现严肃、庄重、正式的场景。

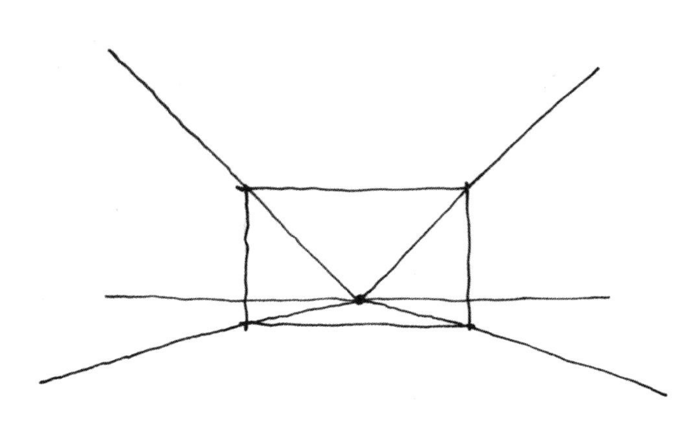

视点居中，画面重点也处于中间部位。

2. 视点偏左或偏右

视点偏左或者偏右时，画面内容有主次之分。画面形式较活泼，适合表现轻松、非正式的场合。视点偏左或偏右时可以重点表现画面中的某一个立面，突出这个立面的设计方案。

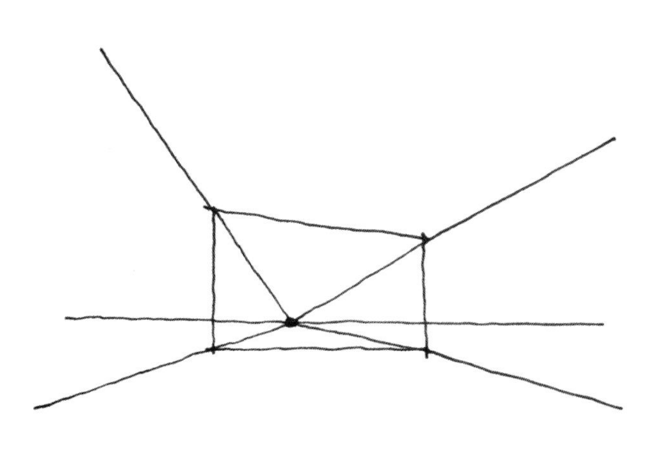

视点偏左，主要表现右侧墙面。

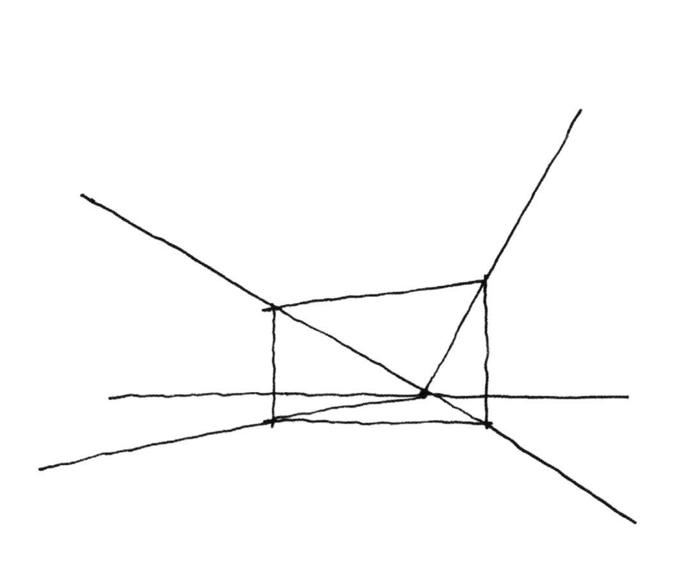

视点偏右，主要表现左侧墙面。

第五节 空间透视的选择与运用

选择正确的透视方法来表现设定的空间是室内设计效果图必须掌握的内容，也是初学者很难掌握的知识点。透视表现既有科学性也有灵活性，只有在充分理解透视的基础上，才能更好地进行室内空间的设计。

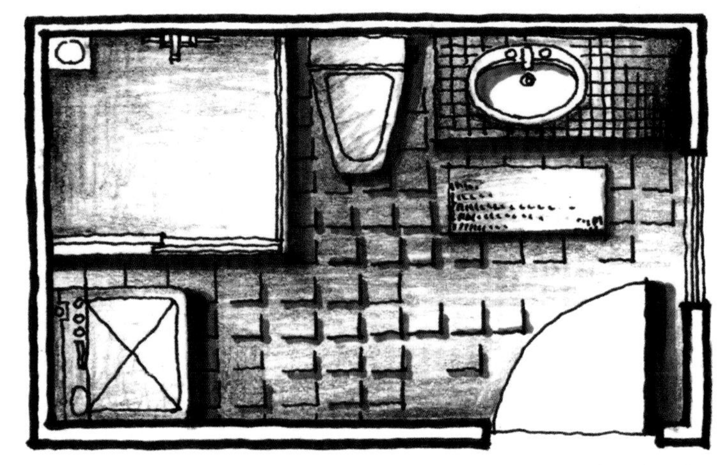

卫生间平面图

1. 狭小空间的透视方法

表现厨房或卫生间等狭小空间时，可以大胆尝试，尽可能扩大可表现的范围。如图，通过去掉卫生间的两面墙，并且使用成角透视的方法来表现，其空间感更通透，在不改变结构的情况下，达到最好的视觉效果。

卫生间效果图

2. 较长空间的透视方法

在表现门厅加客厅这样的较长空间时，如果使用正常的角度，靠后的物体会因为近大远小的原因而变得较小并且表现不清楚，所以在处理这样的空间时，可以将客厅与餐厅的外墙去掉，并且使用平行透视的方式表现。这样处理使空间没有生硬的间隔，感觉比较通透且有层次，在不改变空间结构的情况下，每个房间的内容都能充分表现出来。

室内平面图

室内效果图

3. 较高空间的透视方法

在表现较高的空间，如复式结构时，可以采用抬高视平线的方法造成俯视角度的效果，然后用成角透视来表现这种复杂的空间。省略掉画面中某些房间的墙体，可以让视线遮挡减少，达到最好的画面效果。

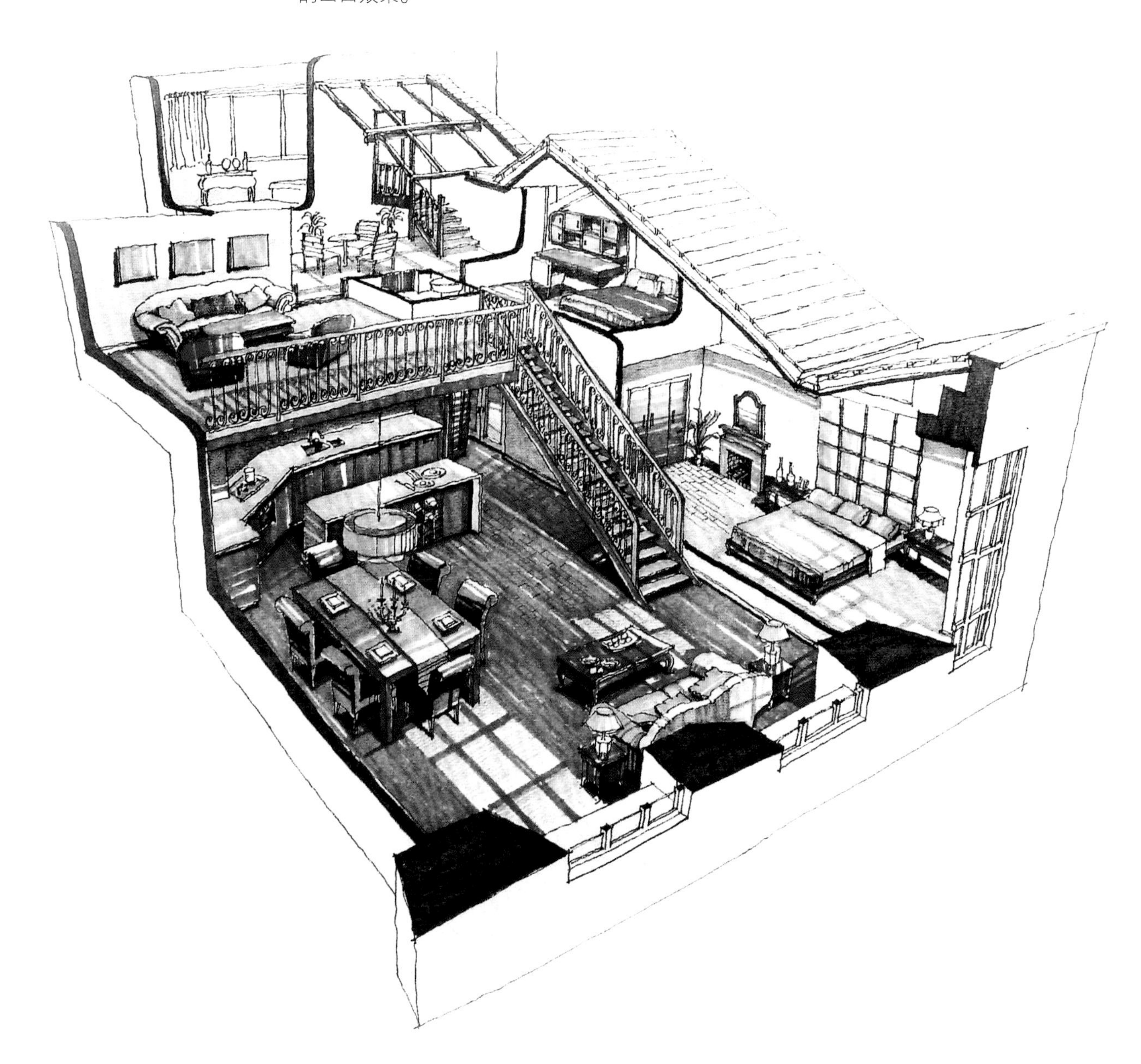

4. 卧室的透视方法

卧室使用成角透视在设计中比较常见，这样可以更好地表现床头背景的设计细节，也可以让画面更生动。

卧室平面图

卧室效果图

5. 客厅的透视方法

平行透视比较适合表现客厅等开放空间，也是此类构图中最常用的透视方式。但是视点的选择可以偏左或者偏右，重点表现画面中的某一个立面，突出这个立面的设计方案。

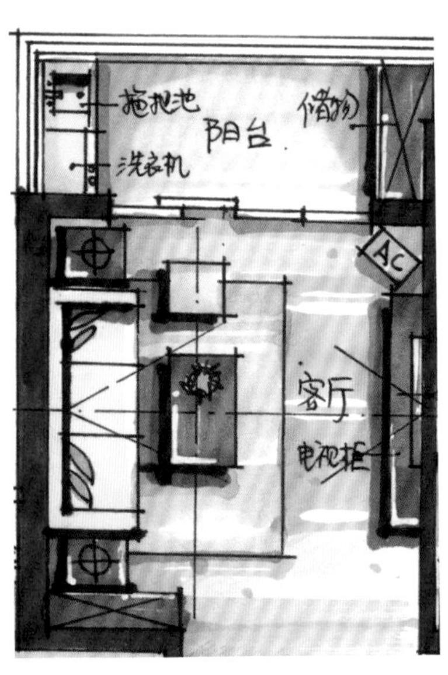

客厅平面图

客厅效果图

第四章 室内家具线稿表现

第一节 单体线稿表现

1. 单椅

单椅造型在空间里使用频率较高，居住空间和公共空间都会使用，个性化的单椅能为空间起到画龙点睛的效果。单椅的透视较为灵活，只要保持合理的视平线，描绘时线条肯定，透视关系准确，细节表现充分，线条的虚实变化有节奏感。

2. 布艺

布艺的种类较多，在画抱枕的时候要注意其结构体积及柔软蓬松的质感，外轮廓可运用平滑的弧线及皱褶体现抱枕饱满的填充感，明暗交界线部分可用断续的曲折线表示其光影变化，适当添加花纹增加活泼的氛围。

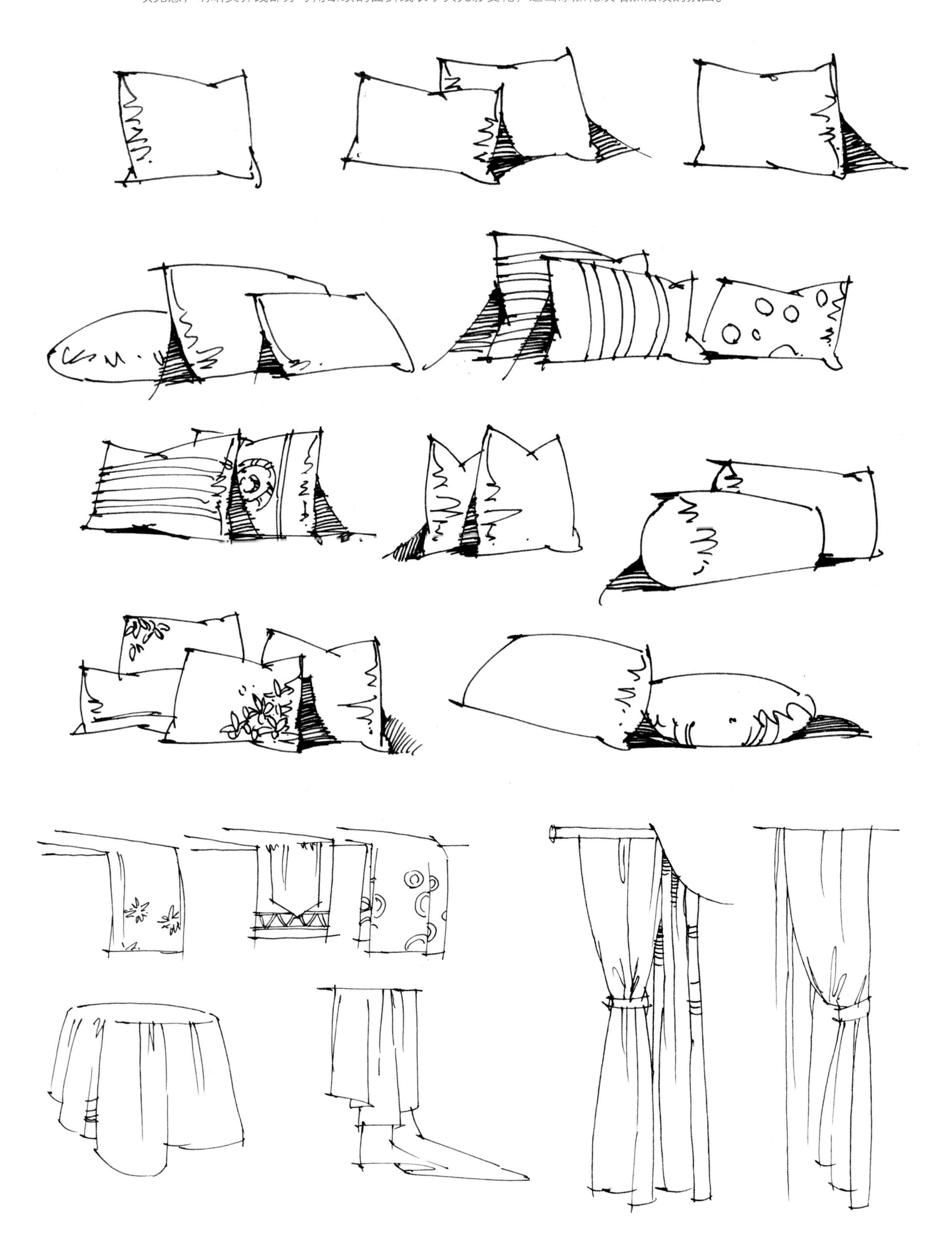

第二节 组合体线稿表现

1. 沙发组合

布艺用品表面质地柔软，勾画线稿在处理边缘线条时，笔触应该灵活多变，尽量使用有弹性的曲线，线条接头处可以有意识地断口、交叉，显得轻松活泼。暗部处理可以借助布面的褶皱来加强，笔触要虚实结合。

2. 床品组合

床铺的表现要注意被褥外轮廓大于床架结构，床角转折宜用较大幅度的弧线来表现被子的厚实感，床的平躺面和侧面的结构分割线可省略或用断续的线条表现，突出被褥铺开后随床体自然展开的特点。

3. 餐桌椅组合

画餐桌椅组合时要了解对象尺度和透视视平线的高度，椅子的摆放按照桌面透视排列。桌子和椅子的结构面细窄，宜省略明暗排线，可适当重视桌椅与地面的投影关系，加强投影的排线表现。

4. 电视柜组合

电视柜表现要注重透视的关系和结构比例，其选择的款式与硬装风格要协调，柜子里面和上面都要添加饰品搭配，并且要表现出饰品与柜体的明暗关系。

电视、电脑等家用电器的特点是现代感、工业感强，表面光滑，有较强的反光。画线稿时可用对角线来表现光滑的平面，三至四根即可，疏密对比加大，下笔干脆利落，这样效果最好。

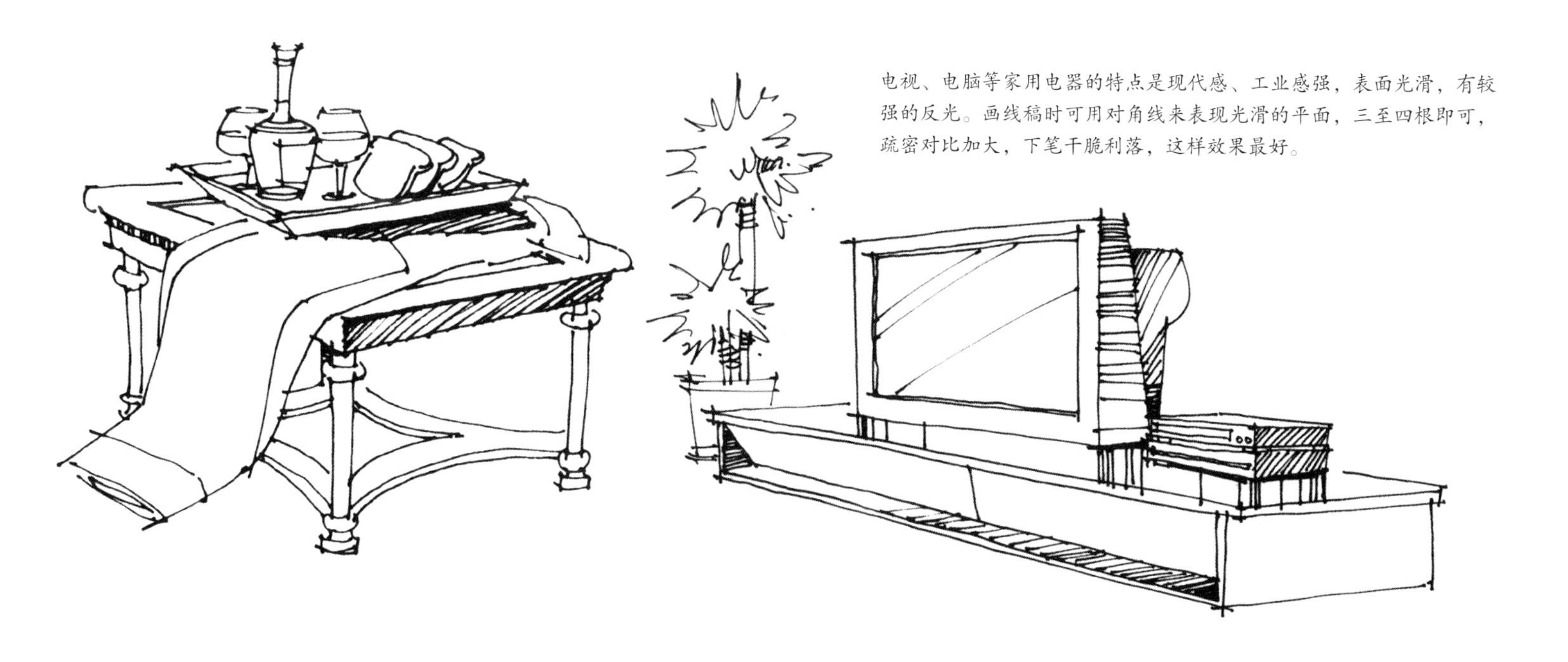

5. 家居饰品组合

家居饰品组合要根据室内空间的风格来选择，材质主要有陶瓷、金属、玻璃、木制等，结构细节的描绘不能过于省略，要注意其对称性与搭配的稳定性，要高低错落丰富，前后层次分明。

花卉绿植是室内重要的装饰品，种类繁多，造型复杂。勾线稿时可以采用概括的方法，着重表现枝干与花、叶的连接处以及明暗交界的部分，其余部分可弱化处理，受光面勾出外部轮廓即可。

第五章 色彩的表现与应用

第一节 马克笔基础

1. 上色笔触

马克笔有粗细两种笔头，粗笔头呈扁平状，斜角笔尖，通过调整笔头与纸张的接触面可画出不同粗细的笔触，建议多使用粗笔头。细笔头主要用来画结构线或者强调细节。总之，马克笔笔触肯定，视觉效果好，表现力强，比较适合快速表现。

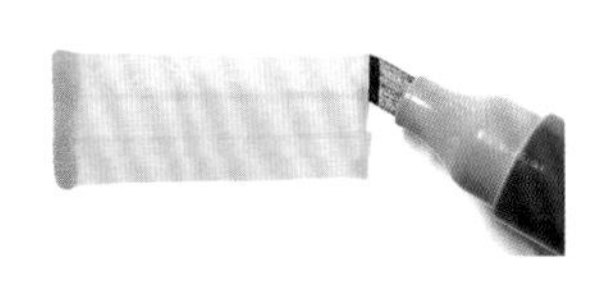

1. 将笔头与结构边界线呈平行的状态可以画出较粗的线。试着多画几次，注意线条之间不要留出缝隙。

2. 将笔头与结构边界线呈斜角可画出中粗的线。注意笔头与结构边界线最好是平行关系，这样可以避免边界不整齐或者笔触杂乱等问题。

3. 当处理细节时，将笔头稍微立起来，只保留一半笔头与纸张接触，可以勾画出较细的线。

4. 将笔尖完全立起来，则可以画出最细的线，用来强调结构的转折或者表现渐变效果。

2. 色彩叠加

马克笔的颜色具有一定的透明性，同明度而色调不同的色彩不适合叠加使用，因为这样会使色彩变脏。应该使用同色系而明度不同的画笔由浅到深地叠加，色彩才有层次感。

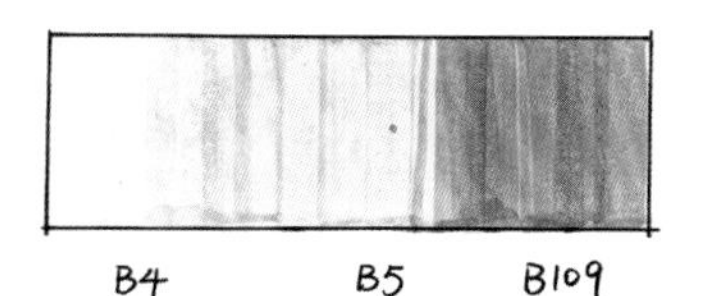

ER5 ER7 ER8

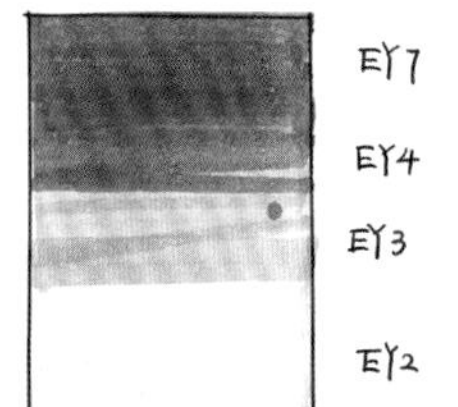

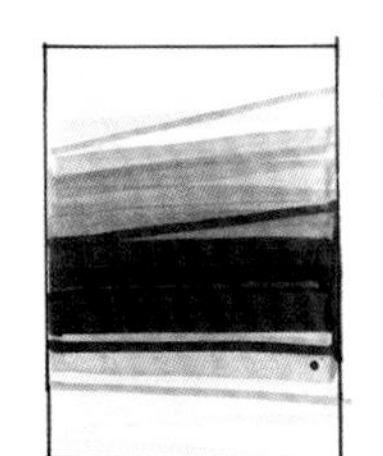

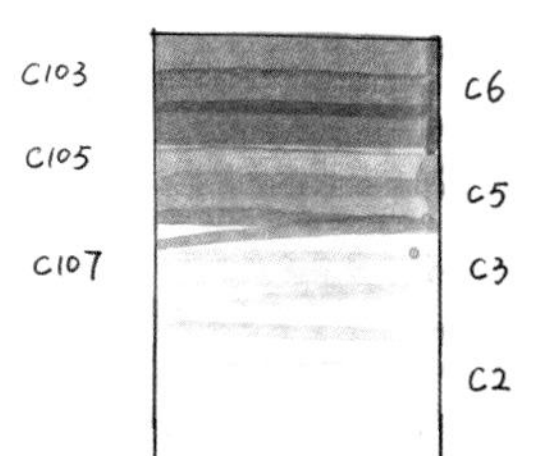

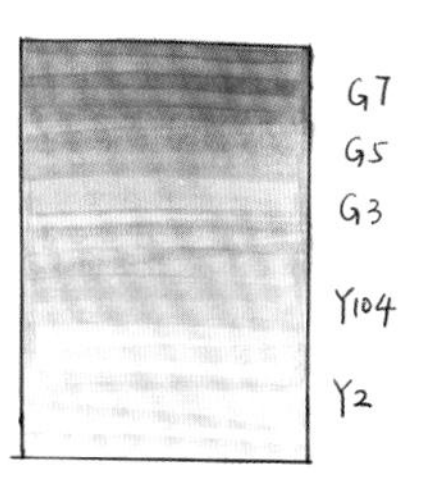

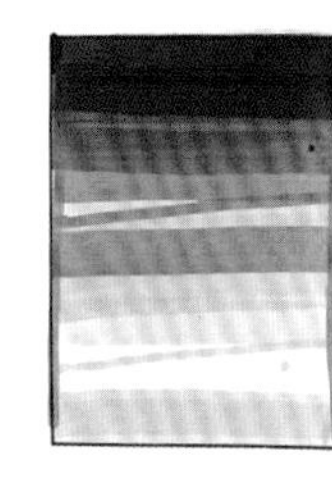

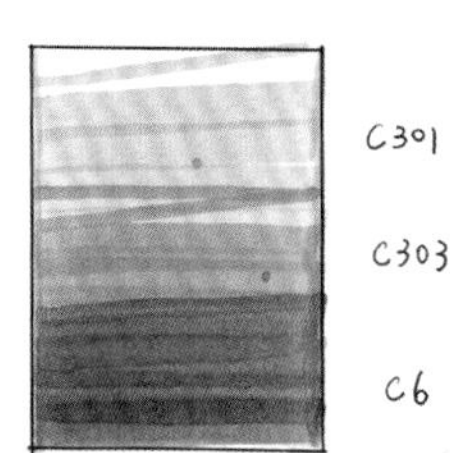

3. 制作色标

马克笔种类丰富，颜色较多，从中选出适用于室内设计的颜色，并按色系、色调分类，既可以加强对马克笔的熟悉度，还能够在绘画中快速找到自己需要的颜色，提高效率。以下是我用设计家马克笔画的色标，大家可以参考下。

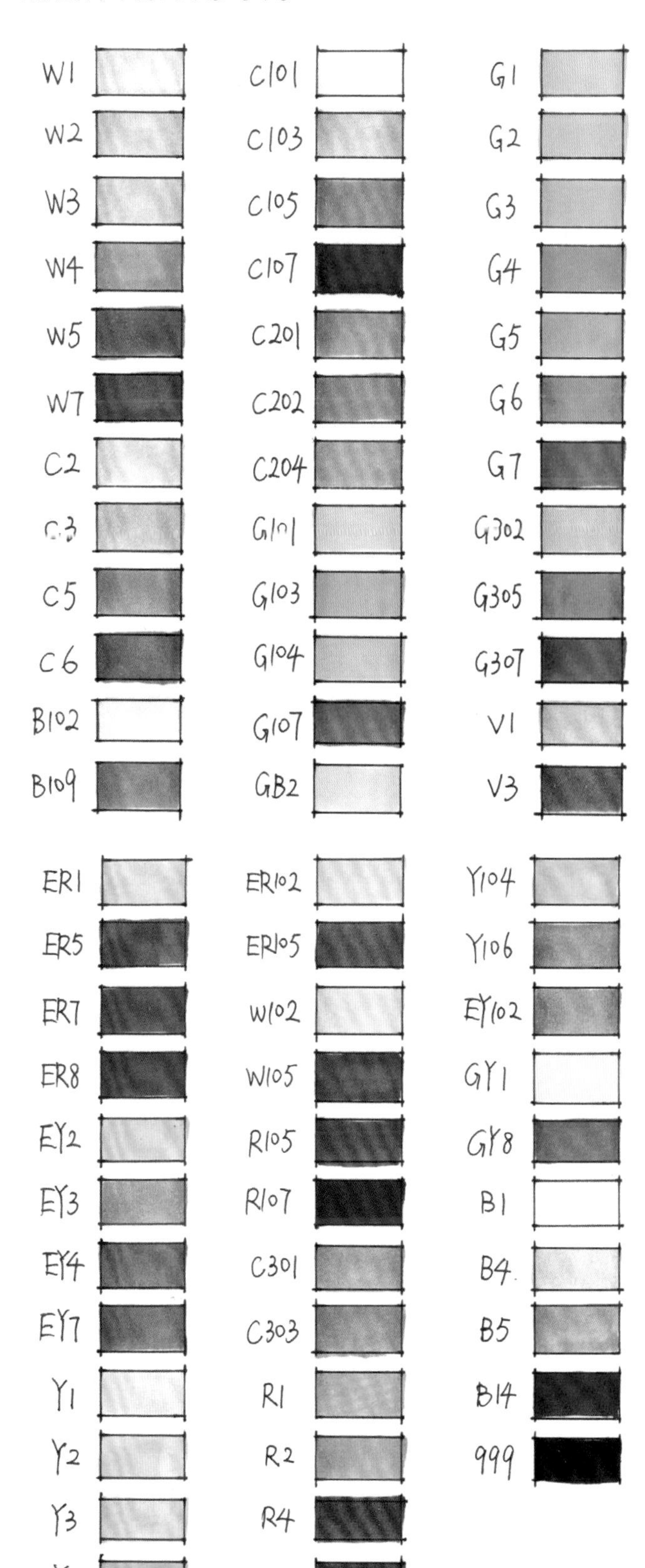

4. 应用技巧

马克笔笔触不易修改，下笔前要预计好所要表现的效果，也可以在备用纸张上稍作练习再画。应用熟练后可以充分发挥马克笔表现力较强的特色，与彩色铅笔、钢笔、色粉笔等工具结合使用。有的初学者使用马克笔时笔触僵化，主要原因是下笔时没有将笔触和物体的结构、材质及纹理结合起来考虑。一定要根据所表现物体的具体特征来控制笔触的角度和力度，灵活运用各种笔法，把握笔触干湿变化的时机，使色彩融合更自然。

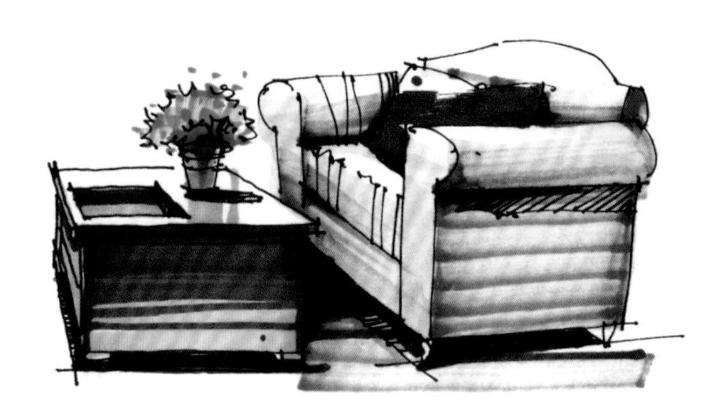

（1）同类色叠加

按照由浅到深的原则，画受光物体的亮面色彩时，先选择同类的两到三种颜色，通常情况下它们的色号比较接近。然后选用其中最浅的颜色开始画，在物体受光边缘处留白，然后再用稍深一点的颜色画，部分笔触可以叠加在最浅的颜色上，这样物体的受光面会出现三个层次，即：黑、白、灰的明暗关系。

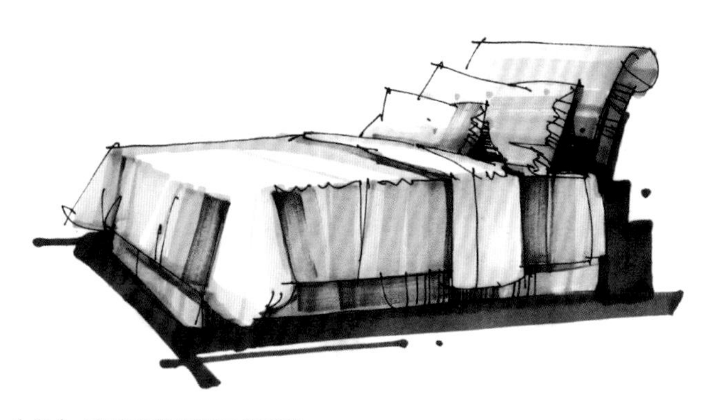

（2）表现暗部和投影

物体的暗部和投影可选择中性灰色和同类深色系列来画。暗部可以先上一遍中性灰色，这样可以加强物体的结构感和整体画面的明暗关系，然后根据画面效果加上同类深色。投影则用和暗部相同的画法画出层次。

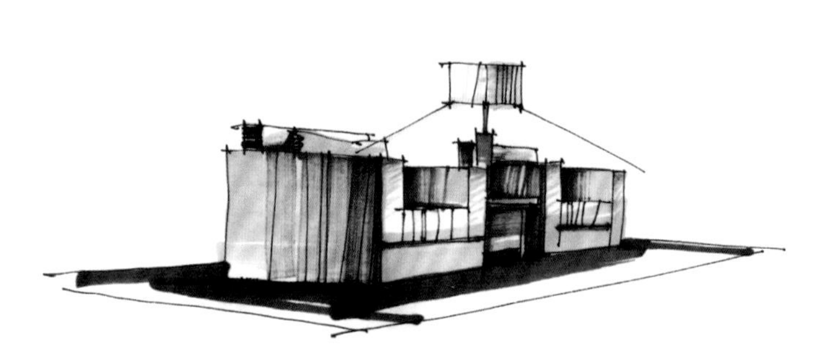

（3）亮部留白，暗部色彩要统一

马克笔颜色较纯，画面亮部必须留有一定比例的白色作协调色彩，同时又能起到表现光感和质感的作用。暗部和投影色彩尽可能统一，避免大面积冷暖对比，注意投影可画重一些。

（4）高纯度色彩使用要谨慎

高纯度色彩能使画面丰富生动，也能使画面杂乱无序。所以高纯度色彩的使用面积不能过大，或者与大面积纯度较低的颜色结合使用效果会更好。

（5）表现高光

物体受光面根据画面的具体情况，可以在上色时就留白，也可以用修正液提白线、点高光，强化物体的明暗关系，使画面更生动。

【Tips】

1. 马克笔可以呈现丰富的笔触变化，因此可以灵活变换马克笔笔头与纸张接触的面积及角度，表现出不同的笔触效果。

2. 物体的亮部应适当留白，体现画面的质感和透气性。

3. 高光的处理要精准，最关键的部位可用修正液提亮，但是不要过多使用，避免“乱”“花”的情况。

4. 马克笔上色的最大特点就是色彩明快，对比强烈，给人很强的视觉冲击力，因此上色时应注意加强对比的表现。

5. 黑色的马克笔覆盖性较强，要慎用。在画面中应局部使用，不可大面积铺色。

6. 保持画面色彩的平衡，深浅、冷暖、面积大小的比例控制得当，有主有次才能相互烘托。

7. 不论是写生还是创作，都可以将主观意识融入到作品中，用作品来表现自己对事物的理解，诠释自己的理念。

第二节 彩色铅笔基础

彩色铅笔是绘制效果图的重要工具之一。它易于使用，但所表现的效果却变化丰富。主要用于丰富画面层次，刻画马克笔无法表现的细节和调节色彩的过渡。

1. 上色方式

彩色铅笔在绘画过程中可以采用多种方式上色，比如通过多色叠加表现丰富的色彩变化，也可以通过不同的笔触、笔法表现不同的材质。练习时可以大胆尝试，为创造新的效果积累经验。注意彩色铅笔不宜画得过多、过厚，避免出现变腻、变灰的情况。

色彩叠加效果

不同材质效果

2. 制作色标

想熟练运用彩色铅笔，首先要熟悉每支彩色铅笔的颜色和编号，在练习前可以制作好彩色铅笔色标，将其进行分类摆放，方便使用，能够大大提高工作效率。

以下是我制作的笔触色标和色块色标，大家可以参考下，制作符合自己习惯的色标。

（1）笔触色标

404 407 452 483 409 415 416

454 447 445 453 451 449 443 444

430 432 419 429 427 421 418 426

461 470 466 462 463 467 473 472 457

439 437 434 425 433 435

488 478 492 480 476 401 495 448 496 499

（2）色块色标

404 407 409 415 483 488 416 418 427 429

421 432 433 434 435 430 492 452 437 480

470 473 463 467 457 453 451 449 447 445

401 448 496 499

FABER-CASTELL

【Tips】

1. 从浅色到深色依次叠加，色彩渐变才会比较自然。
2. 主色调选用同色系，但是要冷暖互补，丰富色彩效果。
3. 笔触的大方向保持一致，间隔均衡，笔触之间不必有过多交叉或重叠。
4. 不同材质可用不同的笔法和颜色结合表现。

注：此方法也适用于马克笔

3. 应用技巧

彩色铅笔多与马克笔配合使用，先用马克笔画出物体的明暗及色彩关系，然后用彩色铅笔刻画细节，过渡色彩，这样画面效果会更细腻丰富。慢慢体会这个过程，锤炼技法，熟能生巧。

（1）色彩过渡

用马克笔画出大效果后，用彩铅平铺线条，通过控制力度画出色彩渐变的效果，彩铅的过渡比马克笔更细腻。

（2）表现亮面细节

将彩铅笔头部分削尖，运用笔尖刻画枕头等部分的细节，这种方法使画面效果更精致。

（3）表现不同的材质

平铺的长线条适合表现光滑的材质，如地板；密集的短曲线适合表现柔软的材质，如毛绒玩具。

（4）表现有反光的平面

用彩铅笔触平铺好画面后，利用橡皮擦擦出所需的渐变效果或亮光区，这种方法使色彩过渡十分自然。

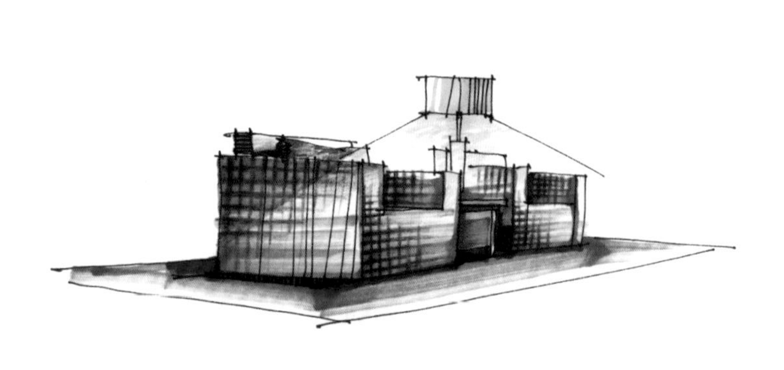

（5）丰富色彩层次

在单色的基础上配合使用其他颜色，使画面色彩更丰富。

（6）调整画面，刻画细节

用彩色铅笔调整画面的明暗、材质和色彩关系的对比。

第三节 室内家具上色步骤解析

首先用铅笔起稿，确定构图、透视以及大致造型；再用钢笔把形体结构线勾勒出来，在勾画结构线时要大胆放松，允许出现小错误，因为后期可用马克笔或其他工具修饰出现的错误；然后用马克笔上色确定画面的整体效果，并用彩色铅笔等工具刻画细节；最后用橡皮擦、修正液等工具清理完善画面。

1. 沙发

1.先用铅笔起稿，再用钢笔绘制出形体结构和明暗关系。线条要肯定，虚实结合。光影处理要有层次变化，刻画细节以突出主体。

2.先用偏冷灰或暖灰色的马克笔画出基本的明暗调子和主体色彩，确定画面的色彩基调。

3.第一遍颜色干透后，进行第二遍上色。要求准确、快速，否则色彩会晕染，从而失去了马克笔透明、利落的效果。在用马克笔刻画表现时，笔触大多以排线为主，所以要把握好线条的走向和疏密。

4.马克笔覆盖性较差，淡色无法覆盖深色。所以在给效果图上色的过程中，应该先上浅色然后覆盖较深的颜色。注意主体色彩的搭配要和谐，忌用过于鲜亮的颜色，通常以中性色调为主。

5.用彩色铅笔完善画面，调整马克笔的色彩过渡，让画面的色彩变化更细腻、自然。

6.当画面基本完成后，用较深的马克笔加强画面的对比度，此时可针对物体的投影和结构转折的部分进行局部加深刻画，使画面对比更加清晰，颜色更加鲜艳、生动。

2. 书桌

1.木制家具造型精致复古，勾画时可以突出其复杂构造，适当弱化暗部阴影线，但要突出投影。

C103
GY1

2.上色时先确定主体物的基本色调，笔触要果断准确，留出高光部分。

R105
V3
EY4

3.余下的物品可选择同类色，使画面基调统一。局部细节可用鲜艳色，以丰富画面效果。

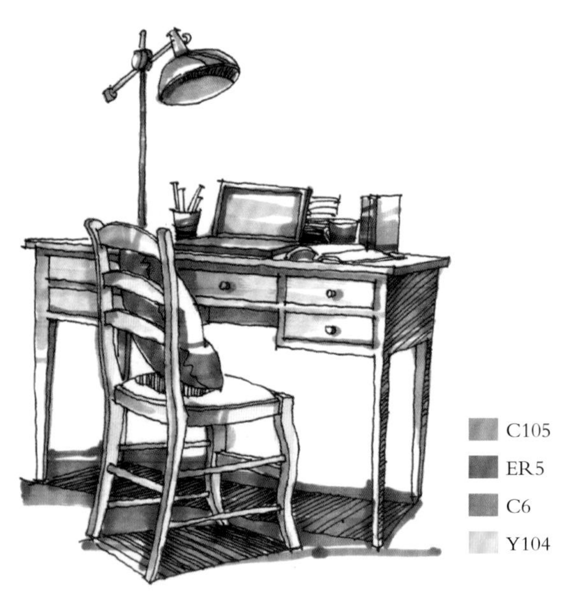

C105
ER5
C6
Y104

4.通过同类深色叠加，加强刻画主体物的暗部，拉开明暗对比，确定投影的范围，使主体物立体感增强。

5.用深灰色进一步叠加，强调暗部交界线，使画面对比更明确。

C107
R107
999

6.用彩色铅笔对画面进行细节刻画，表现靠垫、电脑等的不同质感。暗部可以加入少量补色，使画面层次更加丰富。

3. 沙发组合

1.组合沙发结构较复杂，外轮廓多用直线来表现，但在画靠垫等软装饰时则要采用放松的弧线。弧线接头不必封口，可以交错表现。

2.主体物较多时，应选择冷暖关系和纯度较接近的颜色，比如灰蓝色和灰红色。暖灰色不仅能表现沙发柔软的质地，还可以营造温馨的氛围。 C303 R4 ER5

3.靠垫等局部色彩可选用互补的颜色，但面积不宜过大。地面可选择灰色系铺底，与主体色调形成纯度反差，相互衬托。

B4 V1 R105

4.进一步加强明暗对比，注意马克笔笔触要用侧锋，利用较细的笔触增加绘画感。 V3 C6 ER8 R107

5.用彩色铅笔处理靠垫等布艺用品时，笔触应表现出布面的肌理效果，同时要考虑到这些细节的明暗变化。实木茶几则应表现出木质纹理的效果。用纯度较高的色彩来表现花卉植物，丰富画面效果。投影中可以适当添加彩铅效果，表现地板的光滑质感。

B5 999 W7 B14

第四节 不同色调的表现技巧

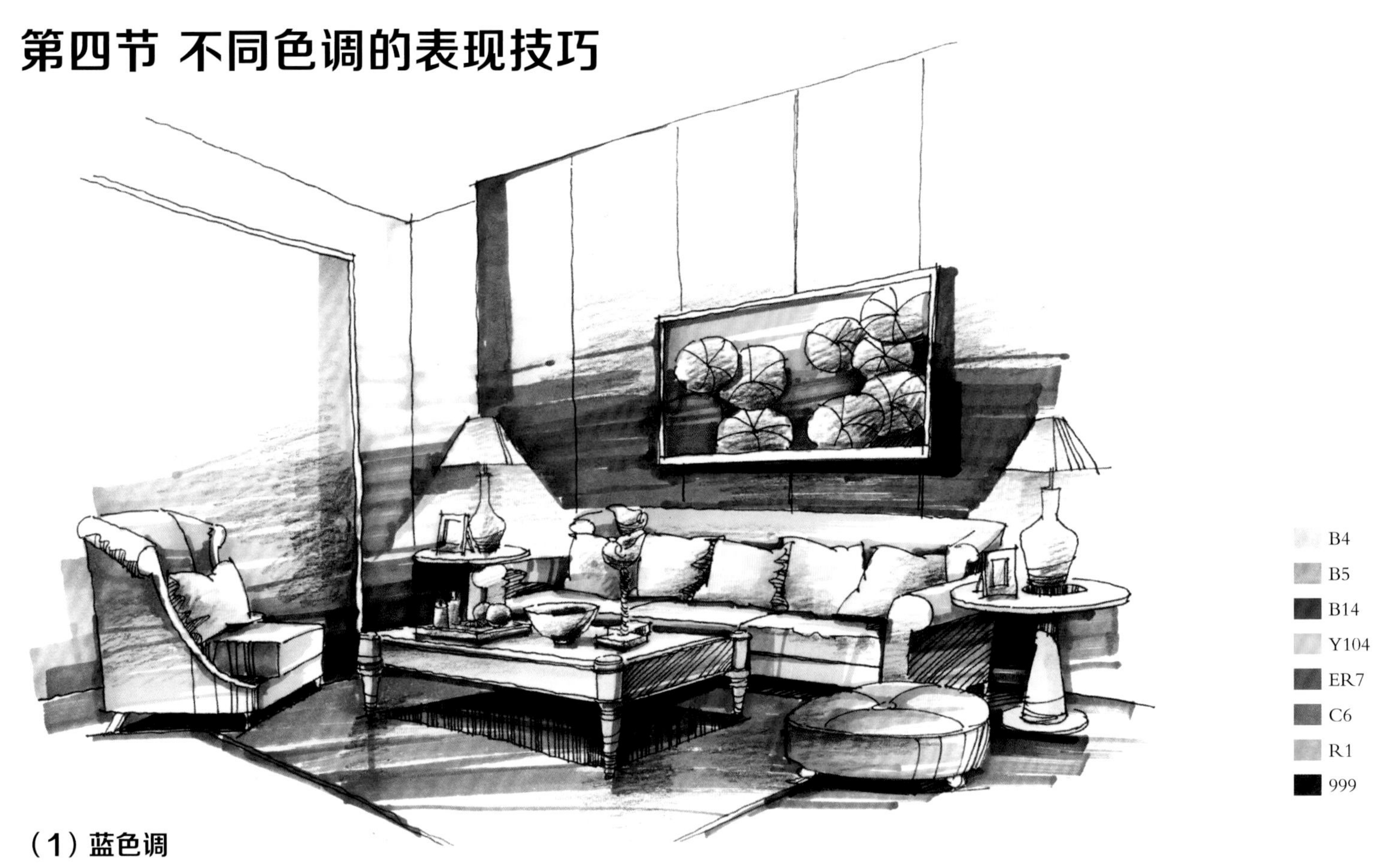

（1）蓝色调

以蓝色为主体色调的时候，最好选择饱和度较低的灰蓝色。沙发和茶几等家具选择较浅的色彩，浅灰蓝色布艺沙发和背景墙面浓重的灰蓝色形成对比，有厚实稳重的墙面作衬托，可使沙发感觉温馨舒适。小装饰品则选择黄、红这类较明亮的暖色，丰富画面的对比，避免沉闷。

（2）黄绿色调

绿色是环保的色彩，可以缓解视觉疲劳。但是大面积运用绿色时要把握好色彩的饱和度，太鲜艳让人感觉俗气，太灰暗又没有生气。所以最好选择偏黄的绿色，让绿色中带些暖意。绿色皮质沙发使房间充满自然清新的味道，蓝灰墙面稳重又不失时尚感。小装饰品选择暗红、橙红等较稳重的暖色，使画面更加生动。

（3）暖棕色调

整张图以暖色为主基调，适合雅致的皮革质地、木头质地的家具搭配，因为床架使用爱马仕橙，所以床品采用浅灰色搭配，暖灰与冷灰穿插使用，常用于米白色、卡其色床品。

（4）粉色调

整张图采用的是粉色系床品，粉色适合女孩房间，在选择上适宜选择饱和度较低的马卡龙粉，床品搭配饱和度较低的蓝绿色抱枕、床单，可以平衡整张图的色彩冷暖关系，周边家具选择浅暖灰色，和整体色调呼应。

第五节 室内家具彩稿表现

灯具的风格多样，造型、材质各异，可以通过笔触来表现材质的特点。画面中的整体灯光效果要有层次变化，表现出虚实、冷暖的对比或者呼应才能避免杂乱，提升画面效果。

花卉绿植上色时可以多用点、面结合的笔触表现叶子的形态，显得生动逼真。

现代风格的家具造型简洁，金属材质应用较多。上色时多用明度不同的冷灰色和留白来加强金属质感。

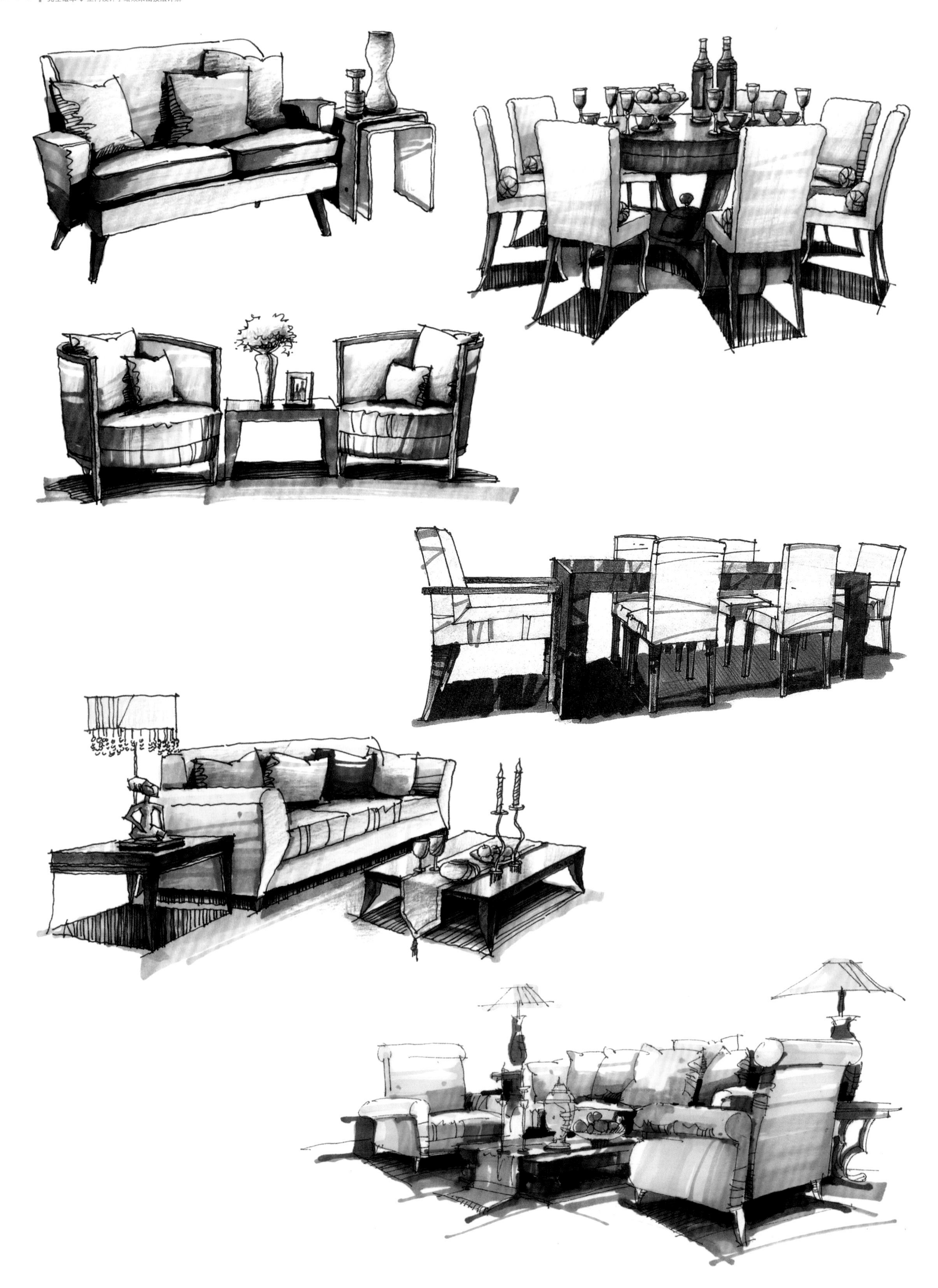

第六节 实景写生范例

1. 新中式客厅

（1）新中式风格多采用胡桃木家具，图片中门框、沙发座椅框架、茶几等都是较深的黑胡桃木色，局部抱枕、坐垫和装饰画采用的是孔雀绿，体现出新中式的底蕴和雅致。

（2）新中式家具很多采用的是线条状为主的框架结构，因此线稿表现时要注意较窄的框架结构中平行线之间保持清晰的间距，不要将线条画得重叠或者交叉。结构比较细小的地方不需要用排列线条的方式表现明暗关系，容易把结构排线弄乱，可以直接用色彩来表现质感和明暗关系。

（3）手绘效果图的选色可以根据实景效果图的设计来，但要选择有色温的色彩，不宜直接选用黑色，因此黑胡桃木的颜色偏向于卡其色，实际空间中太黑太暗的地方，手绘表现时要注意提亮色彩层次，保留透气的空间感。亮面的反光可用垂直笔触表达，穿插适当的留白，暗部保留反光。

EY7
G302
ER7
C2
C3
W5
W7
G305

2. 爱马仕橙主题客厅

（1）实景效果图为轻奢风主题客厅，主色调为爱马仕橙搭配冷灰色，室内空间硬装线条简练，以平行线垂直线为主，凸显居住者时尚洒脱的个性。软装部分采用皮革和金属材质、斑马纹地毯等，也反映了居住者注重细节的品质生活。

（2）勾画线稿时要有意识地突出画面的重点，不必面面俱到。在主要的透视墙面、顶面以及家具形态上应遵循效果图本身的设计，不宜删减主要结构。但电视柜和茶几、边几上的装饰品、沙发上的抱枕、搭毯等可以根据实际手绘效果进行取舍和局部修改。用线条的疏密、虚实归纳画面的明暗关系，用线条的刚柔表现物体的质地。

（3）原始图纸采用的是太阳光效果，而手绘表现太阳光对初学者会有一定难度，绘者可以将光线整合为室内光线，拟光源为室内吊灯，所有的物体为正面受光，侧面背面为背光面。受光面注意光影的过渡变化，背光面从明暗交界线开始着笔，笔触顺着结构方向排列。投影关系的处理和反光、留白的处理都是手绘艺术加工后的效果，初学者要多加临摹练习。

EY3
C105
W1
W3
C2
C5
W7

3. 现代风格客厅

（1）客厅应用了一点透视，能够将设计的主要墙面都表达出来。现代风格客厅常用线条较为简化的家具构造，此图中家具线条简洁、挺阔笔直、色彩素雅，材质以棉、绒、木制等哑光面用料为主，主要光源为室外光与室内光结合。

（2）在绘制线稿时，最重要的就是表现出沙发的柔软质感，因此沙发、抱枕的明暗交界线不要使用垂直线来勾画，在结构转折的位置宜用曲线，不宜用直角随意连接，避免柔软的坐垫过于单薄而失去舒适的厚实感。

（3）在上色过程中，可以适当使用自己创作的色彩体系，保持色调不超过三个颜色。光影变化不要完全受原图的束缚，局部影响结构轮廓的暗部可以适当减少。

W1
W3
W5
W7
C3
C5
C6
Y104
EY7

4. 现代风格办公室

（1）办公空间的整体设计要体现企业的业务领域与文化内涵，能够凸显企业办公者的企业定位和个人品味。此图为具有现代感的办公空间，家具选择以极简风为主要亮点，色彩表现以黑白灰为主基调。

（2）整个空间线条简练，现代风格中略带工业风的痕迹，线条要干净精炼，不拖泥带水。家具本身的暗部应减少特定的排线手法，较暗处应着重强调家具与地面、墙面的投影关系。注意不同的质感用不同的笔触，避免单调的平涂技法。

（3）办公空间整体偏向冷灰色，可以根据受光角度的不同选择相应的灰色调色彩。墙面用较浅的烟灰色，地面用偏暖的紫灰色，顶面用深灰色，将不同色温的灰色调分布在不同层面，让画面色彩更加丰富。

第六章 效果图步骤解析

第一节 欧式会客厅

欧式会客厅通常选择有靠背、扶手的两人和三人沙发组合，装饰较为华丽。在家具较多的情况下，选择平行透视能表现画面的纵深感，使画面显得庄重典雅。

1.画线稿。

2.沙发可以选择同色系的不同的色彩，使画面主体物的色调统一但又有所变化。主体物色彩确定后再搭配其他物体的色彩，这样才能主次分明，相互衬托。 ER5 W2 B102 W102

3.欧式风格一般以暖色为基调，除主体沙发外，墙面、画框、窗帘都可挑选颜色较厚重的赭石或熟褐，使画面氛围沉稳，这也是古典欧式建筑中经常选用的传统色彩。大家可以提前搜集与画面有关的色彩信息，这有利于对主题色彩的理解和掌握。 Y1 EY7

4.加深物体的投影和暗部，塑造立体感。欧式风格以华丽、丰富著称，因此暗部和投影所选的色彩要有一定的色彩倾向，最好不用单纯的灰色。 W3 ER7 C5 V1 C6 W7 G1

5.亮部使用彩色铅笔刻画物体的质感，注意用笔方向要大致保持一致，笔触不能杂乱。窗帘的表现是个难点，除了注意布面纹路的刻画，还要注意与环境的融合，窗帘虽然厚重，但表现时还是要虚实结合，才不会喧宾夺主。

6.刻画暗部。之前已用色彩加深了投影和暗部，现在就用深灰色强调明暗交界线，使画面立体感更强。 W7 C107 999 G305

第二节 北欧风客厅

北欧风硬装比较简洁，没有复杂的装饰，大面积白墙和落地窗设计突出亮白的室内素雅基调，家具以木制为主，加上棉麻布艺、几何化的图案，时尚简约，深受年轻人的喜爱。

主要颜色：枯草色、桔梗色、浅卡其色、暖灰色等大地色系。

1.画线稿。

2.确定画面主体沙发的色调，用浅暖灰给沙发的受光面上色，注意在亮处留白。 W3

3.一般情况下，同一个空间里家具的颜色不宜超过两种，这使得同一个环境中传达的风格情感是一致的。选择原木色为固有色家具色彩，注意上色按照家具结构排线，顶部可以适当选择垂直线条表示家具的反光质感。

Y2

4. 为了保持北欧风大地色的调性，地毯和沙发后的墙面选择和沙发同一个色系但颜色深一度的色号。注意画地毯时，用笔由远及近、以横向笔触为主，墙面由下向上紧挨家具结构用笔。 W3

5.电视背景墙为白色乳胶漆墙面，地面为灰白色大理石，用浅灰色画出即可。 C2

6.窗帘颜色通常要与布艺材质的软装元素相呼应，由于在画面远处，其材质本身要有遮光的作用，因此选择深色为佳，此图选择了深灰色窗帘。

B4 C6

7.抱枕数量较多时，60%的抱枕宜选择和主体沙发同色系的颜色，余下的抱枕则可以选择较亮的色彩。注意加深沙发及投影的暗部色彩，增强对比度。

C2 W102 EY7 W5

8. 装饰物在烘托环境氛围中起到重要作用，往往也是绘画者容易忽略的部分，有些直接省略装饰物，有些画的结构随意，这样都会影响整体效果。装饰画的颜色宜选择在家具和布艺中出现的颜色，使其呼应。 C5 EY2 Y2 W1 999

9.丰富电视柜的结构变化，注意木制家具需要强调明暗交界线，并且保留暗部的反光，使得家具更有质感。 ER7

10.装饰色面积较小，可以选择互补色增加对比效果。抱枕的条纹图案可以使沙发更有亲和力，用彩铅画出图案的细节，注意图案需按照抱枕曲线结构而变化。 999 EY2 EY7

11. 将远处的单椅和装饰灯、落地门进一步着色，适当描绘结构细部，让画面远景虚中有实。 W3 C6 B5

12.用饱和度较低的金属色、灰绿色、暗粉色点缀剩余的灯具与花艺，使画面更出彩。 Y2 ER102 G3 C201

13.地毯占据地面很大的面积，增加一定的图案细节，可以使地毯更有质感，空间更有品质。

14.素雅的家具结构如果只是平涂固有色会有单调之感，可以适当在受光面用彩色铅笔勾勒木纹，让家具看点更多。

15.利用深暖灰色、局部黑色，进一步加深投影，丰富层次，强调明暗结构，使得画面更加清晰。

16.用高光笔提亮画面中的高光，增加物体的质感。完成。

第三节
粉色小熊主题儿童房

粉色小熊主题的儿童房主要以小女生喜欢的粉色为主基调，软装部分为小熊玩具装饰，将动物的憨萌样子与讨喜的马卡龙色彩相结合，布置出一个温馨可爱的浪漫空间。空间的质感采取了全棉、丝绒与软包布艺、原木家具等适合儿童使用的材料。

色彩搭配：浅粉色、米黄色、象牙色、巧克力色、烟灰色和奶白色等。

1.画线稿。

2.确定画面主体——床品的色调，正面一点透视的床体轮廓趋于立面效果，因此主要以表现床单、抱枕等布艺的结构为主。用横向笔触给床单着色，在皱褶凹处加重色调，凸出部分留白。床头靠背也用横向笔触绘制，注意笔触的疏密变化。 R1 W2

3.床头柜与床头靠背颜色统一，形成套系组合，注意着色时，受光面留白。背景墙结构为护墙板，绘制时应突出护墙板的接缝处细节，注意高光位置留白。 R1 W2

4.右面墙设计了“屋檐”造型的休闲区，突破平面墙体的单调性，孩子可以在自己的休闲小空间里看书、游戏。绘制选择米白色色调。 C2

5.左面窗帘选择巧克力色，厚重的色彩可以增加遮光效果，与整体的暖色基调形成对比。 R107 C2

6.地面铺设木质地板，因为面积较少可适当选择较亮的色彩增加画面的亮点。布艺地毯面积较大，则选择中性灰色，呼应大环境的基调。 Y104 W3

7.床品抱枕可选择和床头、床单、地毯相同的颜色，保持布艺材质统一的色彩基调。不宜选择主色调没有的色彩，以免形成突兀的感觉。

R1 W2 C101

8.小件装饰布艺也宜选择和周边物件同样的色彩，使其相呼应。

Y104 C101 W4 R1

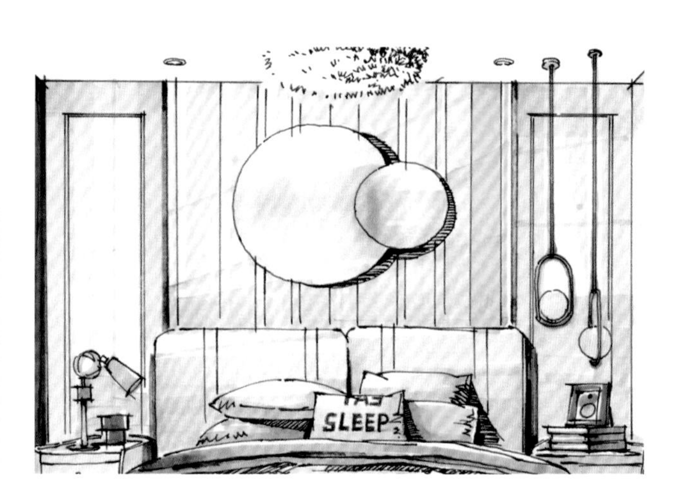

9.个性单椅沙发选择和粉色系列同款色调，娃娃抱枕可挑选红色系的亮橙色做个跳色的处理。R4 R1

10.右边墙面的色彩同样呼应前面图例中的色彩，用笔按照墙体透视关系进行上色，注意受光面和背光面的明暗关系，不能单纯平涂表现。

R1 Y104 W2 C2

11.床头背景墙装饰品与床头柜装饰品、吊灯宜选择同色系的粉色与灰色、橙黄色，让装饰色呼应环境色。

R1 C101 Y104

12.加深画面主要结构的对比度。从主体床品入手，床单选用暖灰色，加重床单投影，床体暗部及投影，增加亮面细节，强调主体物之间的衔接关系。增加中心床体、床头柜与背景墙、家具与地面之间的投影关系与反光细节，注意光照从窗户到室内的亮度关系。

W2 EY7 R1 C5 W7 W4

13.加重地面上物体的投影以及右边装饰物在墙面上的投影，注意光照从窗户到室内的亮度变化。W4

14.描绘窗帘细节，注意画出窗帘盒的投影以及窗帘布的皱褶明暗关系。 W4

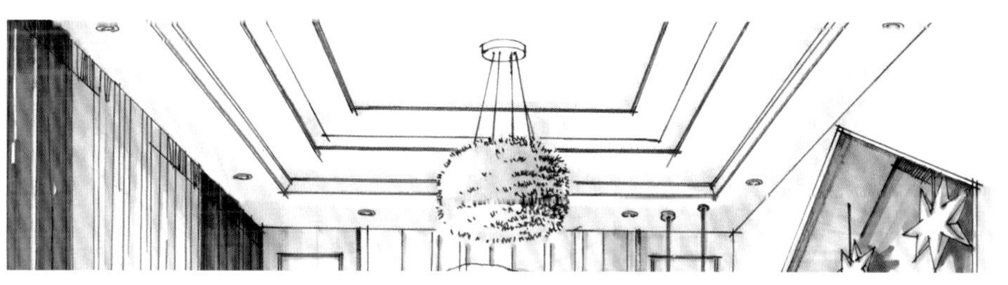

15.顶部的石膏吊顶着色较为简单，用最浅的冷灰色按照透视结构由远及近、笔触由密到疏的关系画出。 C2

16.加深物体的投影，刻画明暗结构的锐度，丰富画面的层次关系。 W7

17.完成。

第四节 轻奢风卧室

轻奢风主题的卧室细节较丰富，比如具有高雅气质的金色元素、纹理自然的大理石、时尚的丝绒、艺术线条的挂画、优雅的灯光、反光材质，等等。它注重气质表达，以简约为基础，通过精致的软装元素来凸显质感。

色彩搭配：驼色、金色、象牙色、奶咖、黑色和炭灰色等。

1.画线稿。

2.首先确定画面主体——床品的色调，将暗部和抱枕的投影面涂上灰驼色，注意运用横向笔触，穿插几笔垂直和斜向的笔触，亮部留白。W5

3.用饱和度较低的浅黄色由远至近地给地板上色，用近密远疏的笔触突出空间感，注意地毯用色不宜太厚。 Y1 W2

4.床头柜用黑色大理石台面显得沉稳有质感，与细金属腿相结合，使得厚重的石材又多了几分灵动。床头灯配上暖黄色灯罩，烘托卧室的温馨氛围。

Y1 C6 ER7

5.近景处的梳妆台选择米白色让画面前景更有透气感。皮革质地的化妆椅用浅驼色表现，与床品颜色相呼应。金属质地的桌椅腿用黑色表现，增加细节。

W3 C6 C3

6.玄关柜由紫灰色柜面配金属框架组成，使空间中心有了一个突出的色彩。再配上金色画框装裱的画，显得格外精致。 C301 Y1 W7

7.远景处的休闲沙发在空间中占比较小，可以用暖绿色来画，作为点缀与周边的暖色形成对比。装饰落地灯选用金属灯罩，是为了呼应其他灯具。 G2 EY7

8.窗帘和右边墙面选用暖灰色，主笔触按照墙面结构横向运笔，由下向上从密到疏来画，留白处代表受光面。 W4 W2

9.左边的背景墙面选用冷灰色与暖灰色，旁边的柜体用金色。依旧根据墙面结构、透视来排笔，由下向上，一定要注意疏密变化。吊顶为白色石膏材质，用暖灰呼应周边环境。

C2 W3 Y1

10.玻璃用蓝色来画，局部装饰的抱枕用深卡其色和深灰色来画，用装饰色点缀环境色。 B4 ER105 999

11.进一步加深画面主要结构的对比度。从主体床品入手，床面用灰驼色，加深暗部投影。用灰棕色增加镜子亮面细节。 W7 W2

12.用深暖灰色加深床体与床头柜的投影，突出空间感。 W7

13.用深暖灰色画桌椅以及镜子的暗部投影，使空间感更强。 W7

14.刻画装饰品与灯具，注意光影的变化，通过留白表现高光和质感。装饰画选择抽象的样式，以免图案过于繁复而喧宾夺主。 ER105 B5 W1

15.加深窗帘、窗户、抱枕的投影。可以适当用点或线的笔触，强调出物品摆放自然，前后错落有层次的效果。 W7 B5

16.增加左边背景墙的色彩对比，突出新古典装饰墙面线条的精致感与叠级线框的轮廓。这是整个空间的结构亮点，一定不能含糊带过。 W7

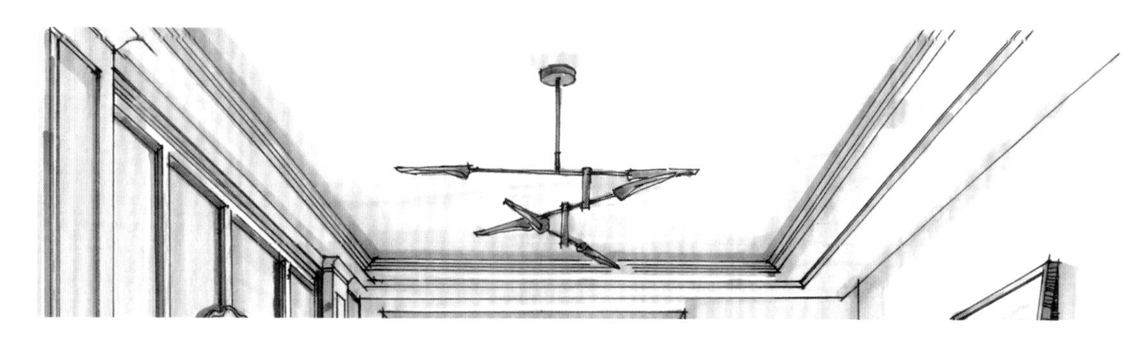

17.刻画吊灯色彩细节，顶部造型与顶部吊灯的着色往往容易被忽视，但对于完整的空间表达，空间中的五个大面都是不能省略的，顶部的处理可以增加空间的体积感。EY7

18.用彩铅重点刻画地毯的图案细节，这是画面的点睛之笔。描绘的时候按照地毯的透视方向和光影的变化来上色，使地毯图案自然呈现。

19.用彩铅刻画装饰画与灯具的细节，使画面更完善。

20.用黑色马克笔强调家具的暗部，增加投影空间的透气感，注意不要使用僵硬的勾线、描边法，笔触宜少而精。完成。999

第五节 新中式餐厅

新中式风格的室内空间是在传统中式空间的基础上进行了现代的演绎，保留传统风格中的常用材质，比如实木材质、粗糙的石材、缎面、丝绸、青花瓷等，同时与现代玻璃、金属材质相结合。它注重儒雅、稳重地表达，以中式家具对称形式为基础，中间突出天圆地方的形式特点，背景是山水题材的装饰画与博古柜，再点缀仙鹤、瓷盘、青花瓷瓶等装饰物。

色彩搭配：墨绿色、胡桃木色、水墨灰色、咖色、黑色等。

1.画线稿。

2.圆桌椅作为餐厅的核心家具。中式家具多以实木材质为主，座椅选用墨绿色绒面材质，更显高贵气质，座椅结构为圆弧靠背，因此用笔注意左右垂直的疏密变化。 G103

3.胡桃木色家具虽偏深，但是受光面因受反光影响，桌面可以选择浅灰黄色凸显其光亮质感，笔触可垂直表现。侧面与腿部则选用胡桃木固有色。 Y1 ER5

4.地面同样是木质材料，为了区别其他家具偏暖咖的色彩，地板选择暖黄色为主调，用笔由远及近、由密到疏，地面受光也会因为家具的前后关系而形成光影变化，所以切勿平涂均匀，避免过于死板。

W102

5.先铺设大面积的墙面和吊顶颜色，顶部为常规的石膏吊顶与局部实木线条，所以选用浅冷灰色，按照透视方向横向用笔上色；右边墙面背景为米黄色墙纸，用暖灰色铺色即可。

W1 B102

6.整个空间中家具的色彩较深，所以墙面、顶面、窗帘都使用了较浅的色系。其中窗帘用绿色夹边与餐椅颜色呼应。 W2 G103

7.木质材料家具都采用同一色系，保持色彩统一，用笔方向根据不同家具的摆放位置和自身结构进行调整。 EY7

8.背景墙中间是一幅山水画，用钢笔简单勾勒轮廓，用浅冷灰色以水墨画形式表现其明暗关系。用暖灰色给桌面餐具上色。 C2 W3

9.新中式饰品内敛富有底蕴，可选用素雅的色彩。 EY7 W4 C3

10.进一步从主体家具入手，表现家具之间的投影关系，例如桌面、餐椅以及玄关几案下的投影。 W5

11.此时画面已经完成60%的色彩关系，但是重点不够突出，因此接下来就是强化重点。餐椅是整个餐厅的视觉中心，用墨绿色增加质感，使画面色彩稳重而大气。 G107

12.加深背景墙隔板的层次，表现出博古柜的深度，以及各个物件在格子中的投影。 ER7

13.墙面的山水装饰画虽是空间中的远景，但也要注意表现一定的色彩变化，对比不宜太强烈。 C3 C5

14.加重窗帘和吊顶的色彩，注意第二层色彩只能覆盖原有色25%左右的深度，使其色彩过渡更自然。 W4

15.用彩色铅笔对余下的装饰物着色，中式装饰物色彩多以青瓷、白瓷、紫砂作为常见材质，因此可以采用浅暖灰、浅冷灰色上色，并用彩铅丰富其肌理变化。 W3

16.再一次强调背景墙的细节，山体结构不规则，可用重复色块叠加与点点的方式上色。 W3

17.加重整体空间的对比度。 W7

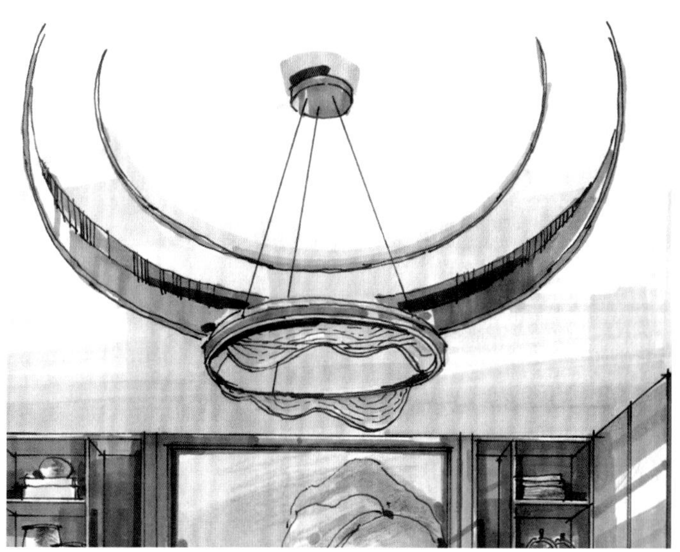

18.刻画顶部细节。通过笔触由中间向两边画出灯具和吊顶的圆弧特点。 W102 ER5

19.用黑色马克笔加重投影的暗部，以增加投影空间的透气感，注意不要使用僵硬的勾线、描边法，笔触宜少而精。 999

20.画高光，丰富细节，增强画面的对比度。

21.完成。

第六节 轻奢风客厅

轻奢风是近年室内空间较为流行的风格之一，讲究简单低调的奢华，常用大理石、金属、水晶、丝绒等材质。在硬装上赋予现代的线条结构，软装上强调精致、古典的细节，注重具有设计感的线条与质感，给人一种具有时尚品位的居住环境。

色彩搭配：金色、黑色、冷灰色、咖色、孔雀蓝等经典色彩。

1.画线稿。

2.着色方式除了前面讲到的从整体到局部，也可以从局部到整体，这种方式比较适合对色彩有把握的画者。首先用浅暖灰从近景最清晰的沙发开始上色，不宜用较深色彩，应把握前清楚后模糊的虚实变化。搭毯与座椅色系统一，可以增加空间的灵动感。 W2 EY7

3.轻奢风室内空间的色彩搭配以同色系为主，因此靠枕和饰物的颜色尽量与沙发榻的颜色保持一致，都以偏暖色系为主。

Y3 B102 W3

4.加深物件之间的明暗关系，注意强调明暗交界线的位置，保留适当的反光，例如坐垫暗部较浅的笔触以及靠枕底部轻扫的几笔，都是进行了微妙的反光处理。 ER5 W105 W3 W5

5.确定了主体物的颜色，次要物品的颜色就十分好表现了。左边沙发宜选择与近景坐榻沙发相一致的米黄系色彩。

6.沙发扶手为背光面，要大胆加深颜色的对比，这样才能突出受光面的亮度，注意墙面对扶手的反光，笔触要有轻重变化。一般抱枕数目为4个及以上，其中2-3个抱枕和沙发坐面同色，1-2个抱枕比坐面深一些，1个抱枕选择亮色或对比色。 W5 W4 C2

7.加深沙发及抱枕的对比度，注意暖色固有色选择暖灰暗部，冷色固有色选择冷灰暗部。边柜是金属和玻璃面材质，结构薄而细，可以用彩铅来刻画细节，增加局部的变化。台灯为布面加水晶材质，由于材质的轻薄透光性，宜选择深灰来表示固有色，不能盲目用黑色，容易造成呆板印象。 C5 W7 R2

8.远景的沙发与近景沙发有一定的重合，为了避免与近景色彩混淆，则选择较亮的灰橘色来作区分，并与抱枕中的橘色相呼应。
Y3 C2 W3 W2

9.加深沙发局部的对比度，两个抱枕要有区别，避免过于雷同。
ER5 C5

10.电视柜为米白色反光漆饰面，受光面可用斜角度笔触，从中间向两边分散，保留受光面高光和反光面。暗部笔触可以重复叠加，形成厚重的明暗交界线。电视机镜面也是反光材质，注意用笔的方向与数量。

W1 W3 C103

11.墙面使用的亮光大理石与哑光饰面板，色彩上选择冷灰和暖灰两种颜色搭配，突显高雅的气质。电视柜的图案细节用彩色铅笔勾画，图案要随着光影变化而略有粗细和深浅的变化。 C2 W1 W2

12.装饰架是实木加金属材质，结构细小，但是光影变化较多，因此利用彩铅勾画，注意亮面暗面的转折变化。其余柜体、电视、墙面再进一步加深。

C201 EY7 C6 W4

13.墙面大理石纹理用黑色铅笔刻画，仿画出裂纹的感觉。金属材质的饰品也加深其反光质感，强化明暗交界线的位置。 C6 W5

14.墙面色彩以浅灰为主。远景的窗帘选择卡其色，让画面有一定的厚重感，窗帘一般由主布与纱帘两部分组成，因此上色也可以分出两个层次来表现。玻璃门用灰蓝色表现。

EY7 C3 B4

15.加重窗帘与窗户色彩深度，注意窗帘的皱褶用垂直笔触来画，粗细随皱褶的大小而变化，不宜画得太平均。 W5 C5 B5

16.沙发背景墙与电视机背景墙材质一致，都采用暖灰色加实木格柜。装饰画用的是金属综合材料，表现手法和其他金属家具一致，用彩铅勾画细节。 W2 EY7 Y2

17. 进一步加深投影关系，装饰细节不能忽视。 W5 W3 ER5

18.地面选择大理石浅灰色，注意反光质感的表现，可采用大面积横向笔触，家具底部用垂直笔触表现光影折射。 C2 W3

19.顶部石膏吊顶，注意由远及近、由密到疏的笔触变化。 C2 Y2

20.加重地面和顶面的光影对比，家具底部的色彩投影要厚重而肯定。顶部的叠级细节和灯具也不能省略留白。 W5 W4

21.用彩铅给余下的饰品和小件家具着色，这是画面最为精彩的部分，也是很多绘者容易忽略的亮点。 W2 Y2

22.完成。

第七节 新古典主义餐厅

新古典主义风格从古典主义繁杂的造型和装饰中提炼精华，保留了古典主义特色的材质、色彩和装饰风格，并与线条简单大气的现代造型风格相融合，既复古又时尚，是成功的混搭设计。

1.画线稿。

2.现代家具造型与欧式细节的搭配要遵循主次搭配的原则，例如：实木边桌及餐桌椅的整体造型简洁现代，可以搭配古典韵味浓重的装饰线或图案，这样在简洁的造型中有丰富的细节可以品鉴，也可以反向搭配。 C101 C103 Y1 EY7

3.新古典主义风格注重整体与细节的对比，因此墙面最好选择白色或者淡雅的素色，以突出主体。家具选择古朴的深色或者现代的浅色都可以，风格统一即可。软装饰可以选择较高雅的丝质面料，但要注意其质感的表现。 EY2 ER7 C103 C105 W3 W5

4.主要装饰物如吊灯最好选择兼具古典和现代气质的枝形吊灯，其他装饰物则在不杂乱的前提下选用亮色。将画面的暗部进行深入刻画，重点强调明暗交界线。 W7 ER1

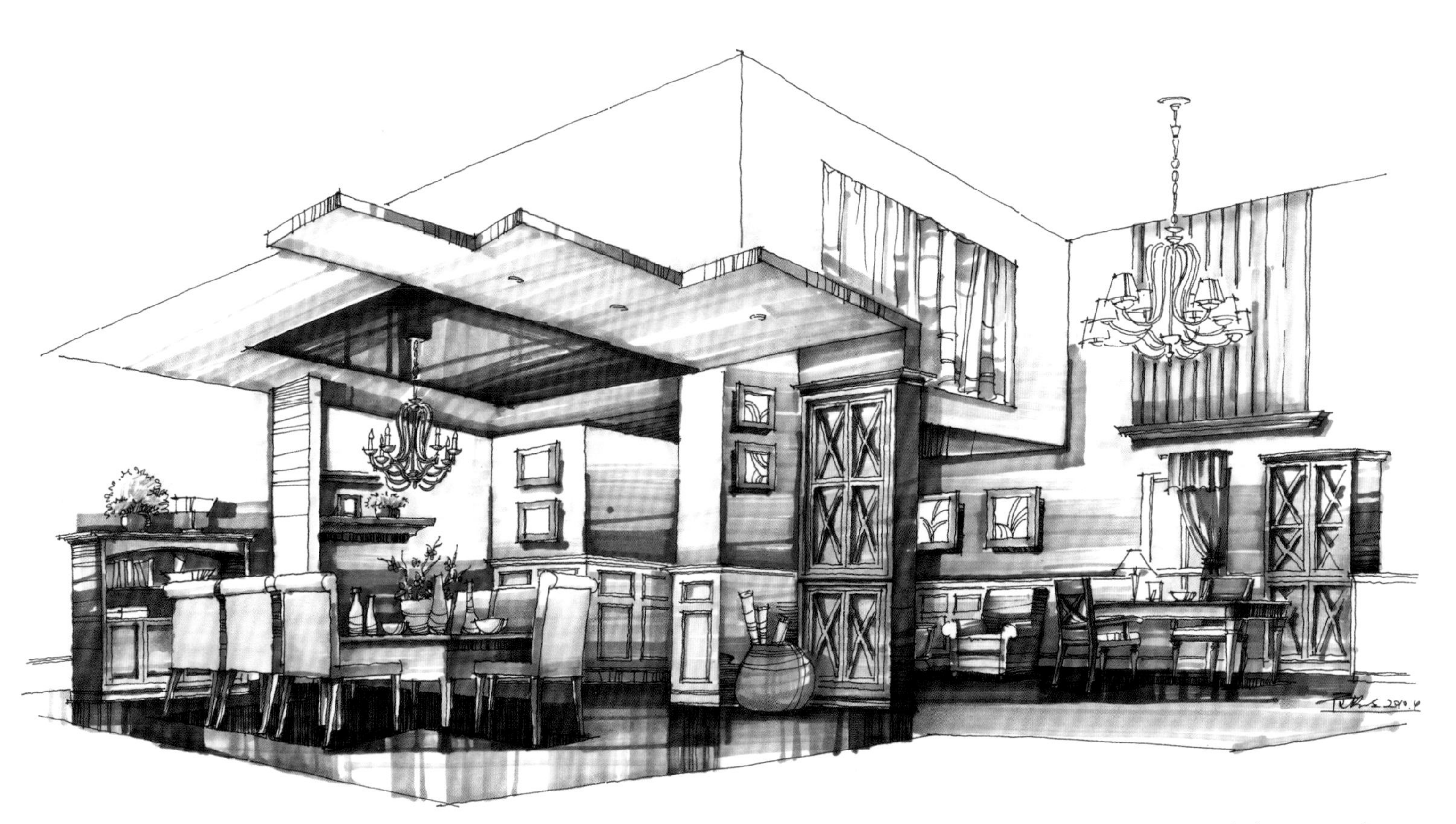

5.如果是复式结构，一楼客厅的地板可以采用石材进行表现，显得大气。如果是普通居室，客厅与餐厅最好都选择木质地板来表现，如果部分用木地板，部分用地砖，空间会显得较狭小。

6.给吊灯上色，并画出灯光以及相框中的装饰画，用黑色马克笔加深投影暗部，增强对比度，用彩铅丰富暗部细节，完成。

第八节 现代风餐厅

一般公共空间使用的人群较为广泛，可以采用中性的色彩搭配来满足各种使用者的审美要求。餐厅是人流量较大的公共空间，主要会使用金属、石材、皮革、亚克力、木材等较为耐用的材质。

色彩搭配：灰色、金色、卡其色为主色，局部点缀少许鲜亮色彩。

1.画线稿。

2.餐椅种类较多，可以把散座和卡座的座椅色彩区别开来。卡座用浅灰色，个别散座椅用绿灰色。座椅靠背为曲面，注意明暗交界线位置，留出反光面。 C101 C2

3.主要画面的散座用孔雀蓝，这是一种安静平和的颜色，自带雅致的气质。 C105

4.用冷灰色给座椅部分着色，突出中心的孔雀蓝。 C5

5.用卡其色给实木的地面和桌面上色，使略带棕黄的色系与主体蓝色系形成对比。 Y1 W1 EY7

6.左边墙面是实木饰面与装饰柜相结合的设计，因此用暖灰色。右边靠窗墙面是石材饰面，用冷灰色。 C2 W3

7.所有金属材料用灰黄色铺一遍固有色。 Y1 W3

8.玻璃与镜面用常规的灰蓝色着色，注意材质的反光与镜面效果。 B4 W5

9.顶面为石膏吊顶，灰白色的基调较为常规，用笔依旧是由远及近，注意笔触的粗细变化。 C3

10.地面色彩不能太轻，进一步加重地板的固有色，让空间稳重含蓄。 W105

11.加深墙面与玻璃材质的对比度，注意饰面柜材质朴实，用笔宜较为规整，按照结构垂直勾画，窗户材质通透灵动，笔触可以较为自由，重叠轻重可以适当变化大一些。 W7 B5

12.进一步勾画厚重柜体的色彩，让整个空间的层次更分明，远景角落需要虚化的地方宜用笔尖适当地在结构边缘点画，避免笔触随意而破坏远处小而精的结构。 W7

13.强化多个座椅之间的前后关系以及家具上下受光变化的关系。 C6

14.刻画家具间的重叠关系，投影要清晰明确，背光面要足够肯定，才能让画面锐化度更高。 C6

15.对抱枕与饰品进行勾画，注意其色彩要突出亮点，不要和主体色雷同。 V1 EY3 C103 C105 EY2

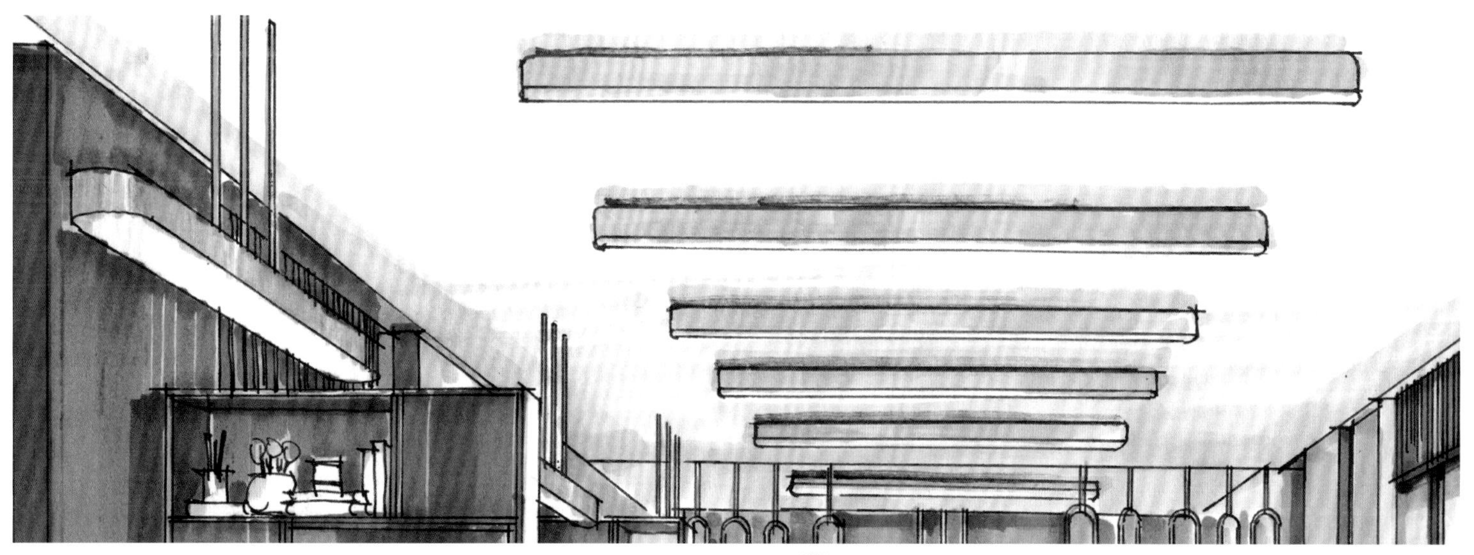

16.对金属材质进行刻画，注意其光泽的表现，以及对周边光线的反光处理。 Y2

17.用彩色铅笔刻画饰品细节，由于饰品体量较小，可以适当选择丰富的色彩。

18. 再次强化金属灯具的反光，注意每个灯具都有不一样的变化，不要雷同。 W4

19. 加深桌子底部的色彩，注意投影和圆锥形结构的变化。加深投影和角落的暗部，增加虚实变化。■ EY7

20. 完成。

第七章 作品欣赏

客厅

2020.3.

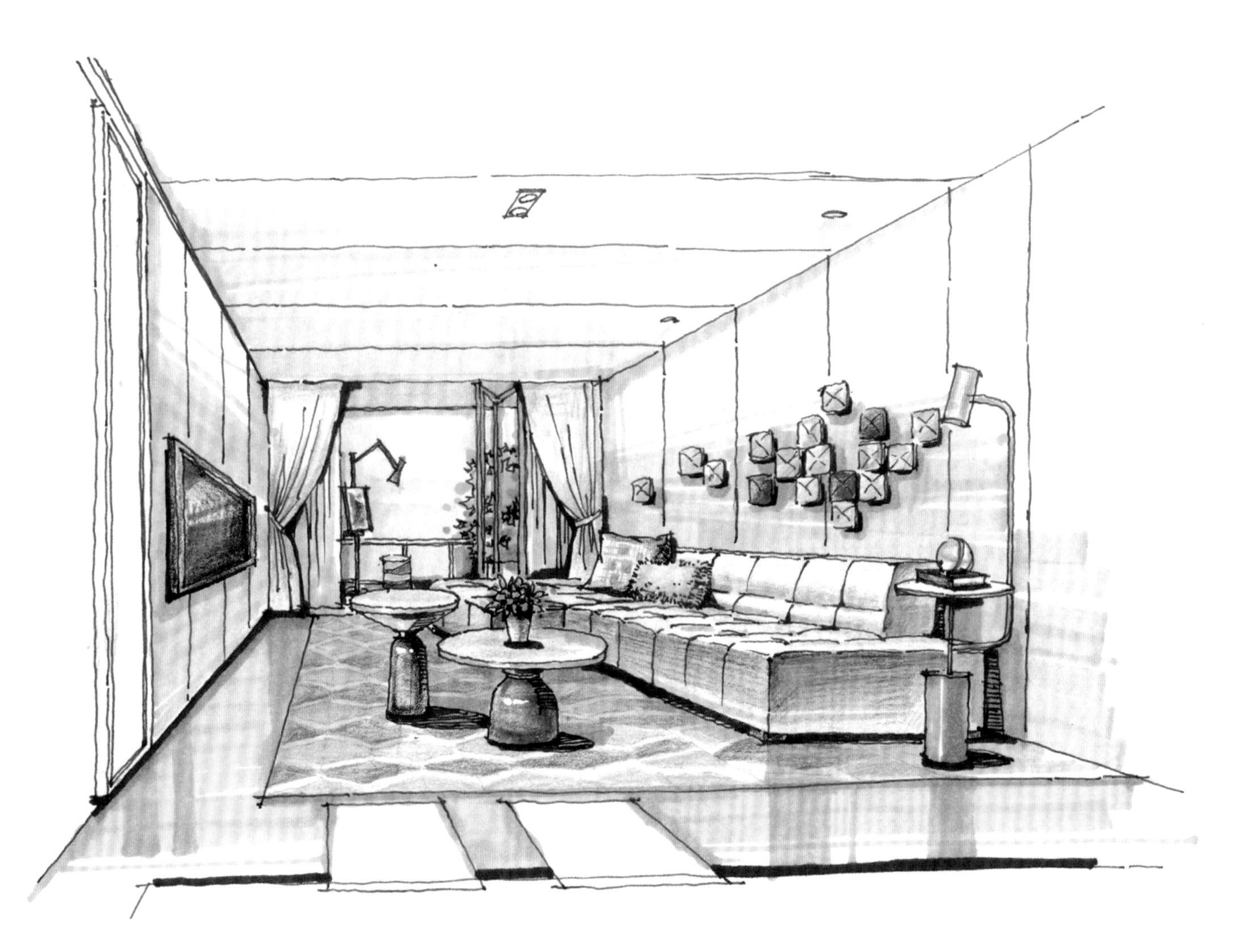

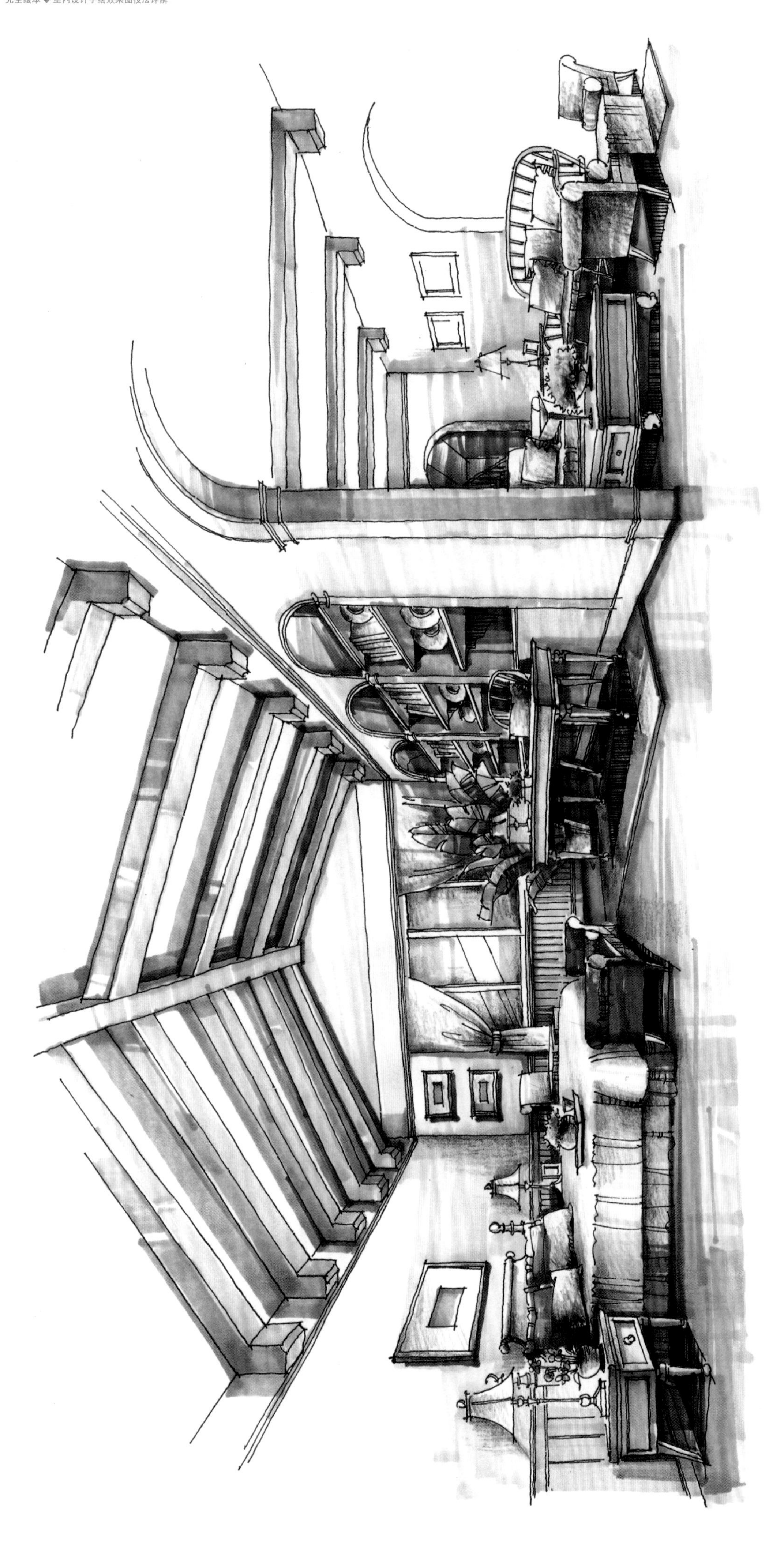

卧室

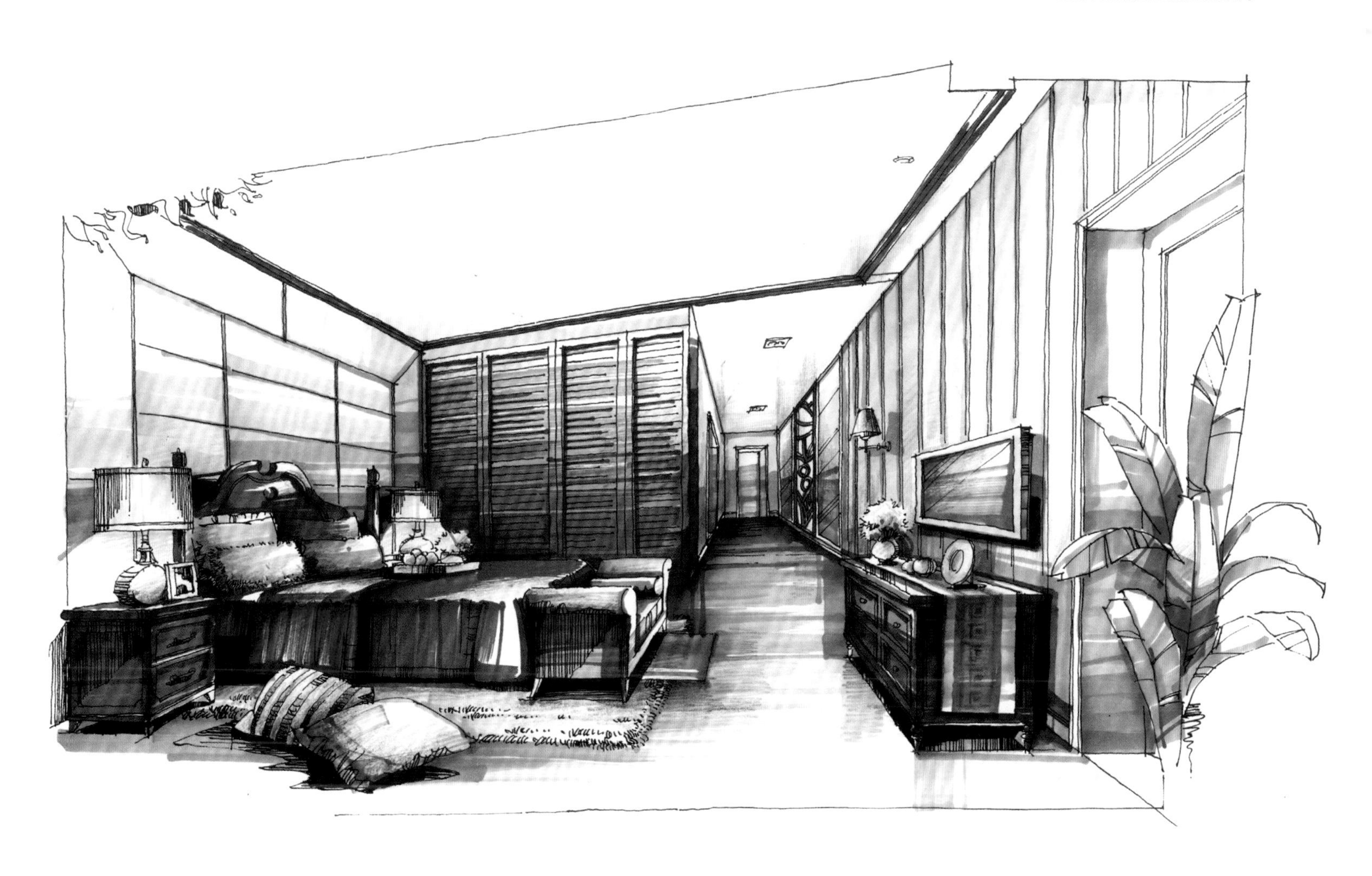

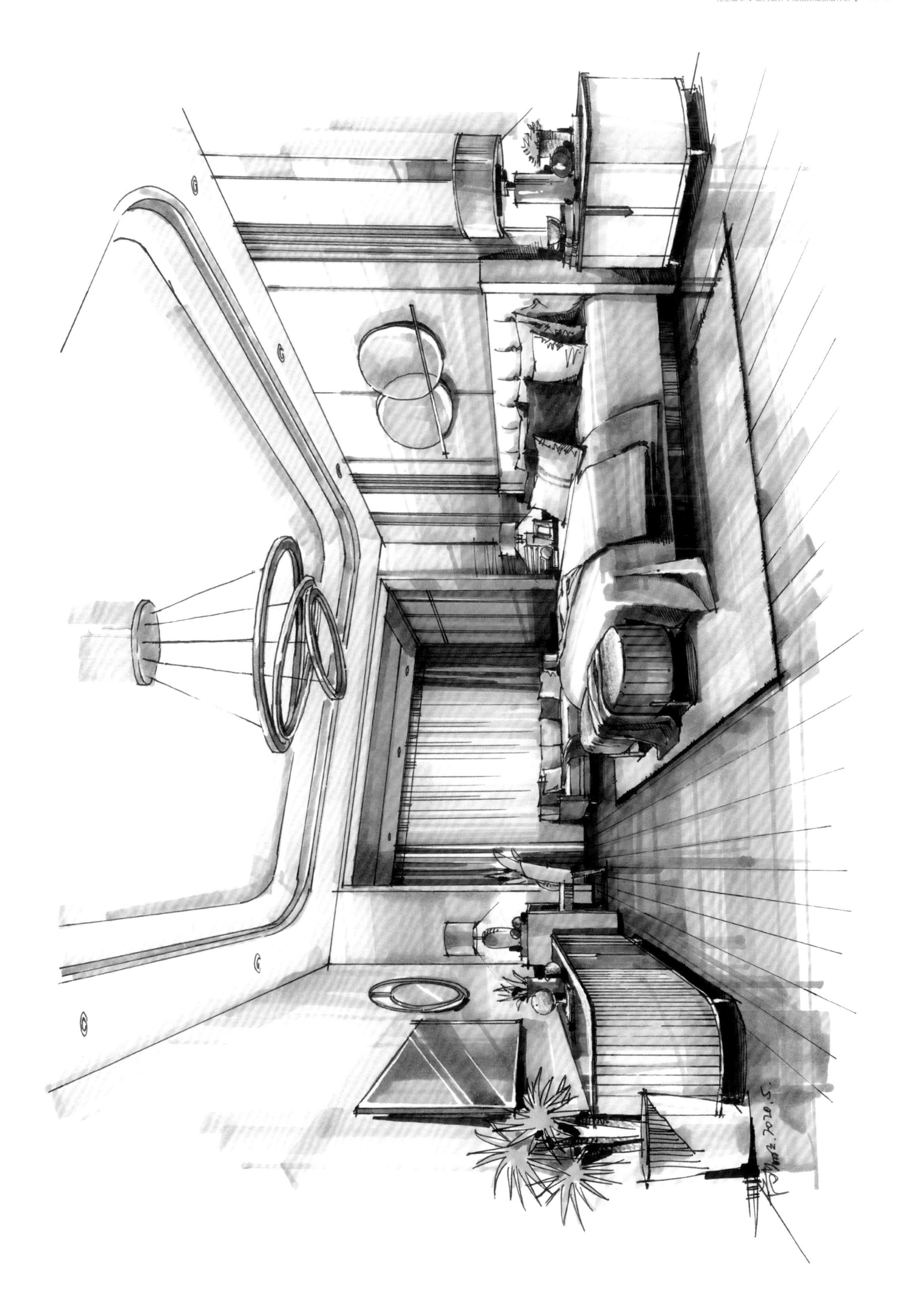

WHAT UP

卫生间

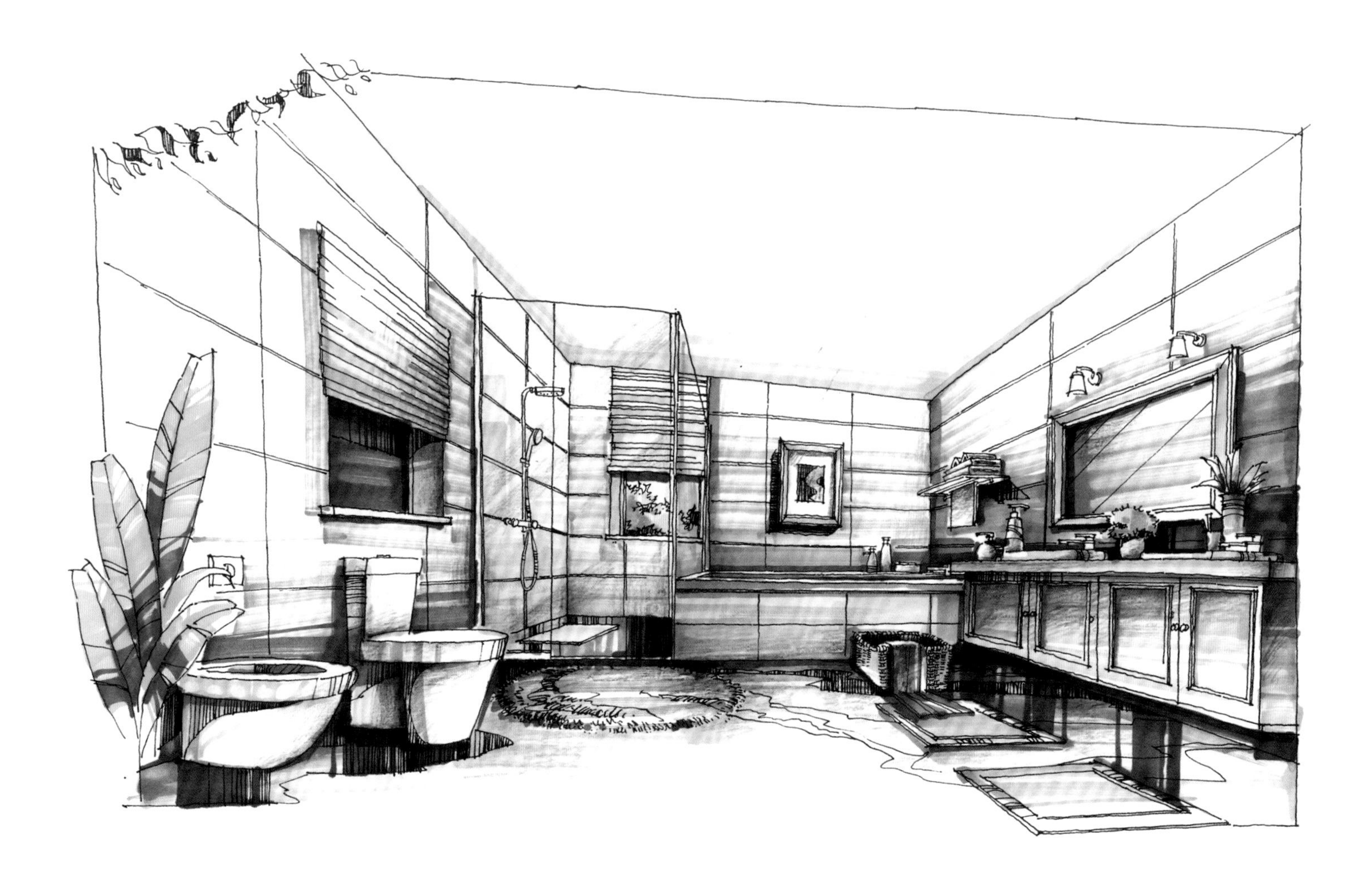

餐厅

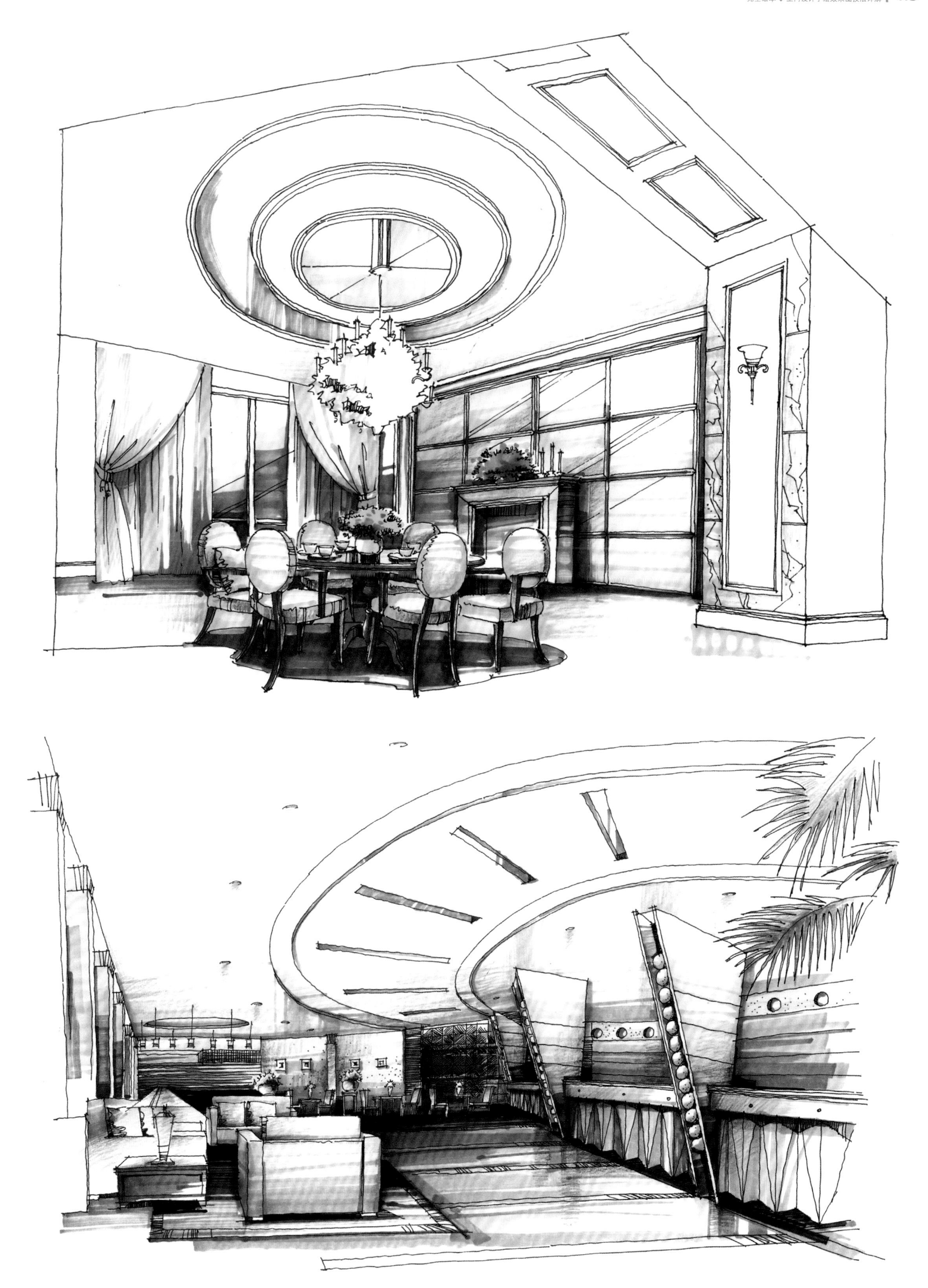

09.6.25.
客厅+餐厅

办公室

会客室

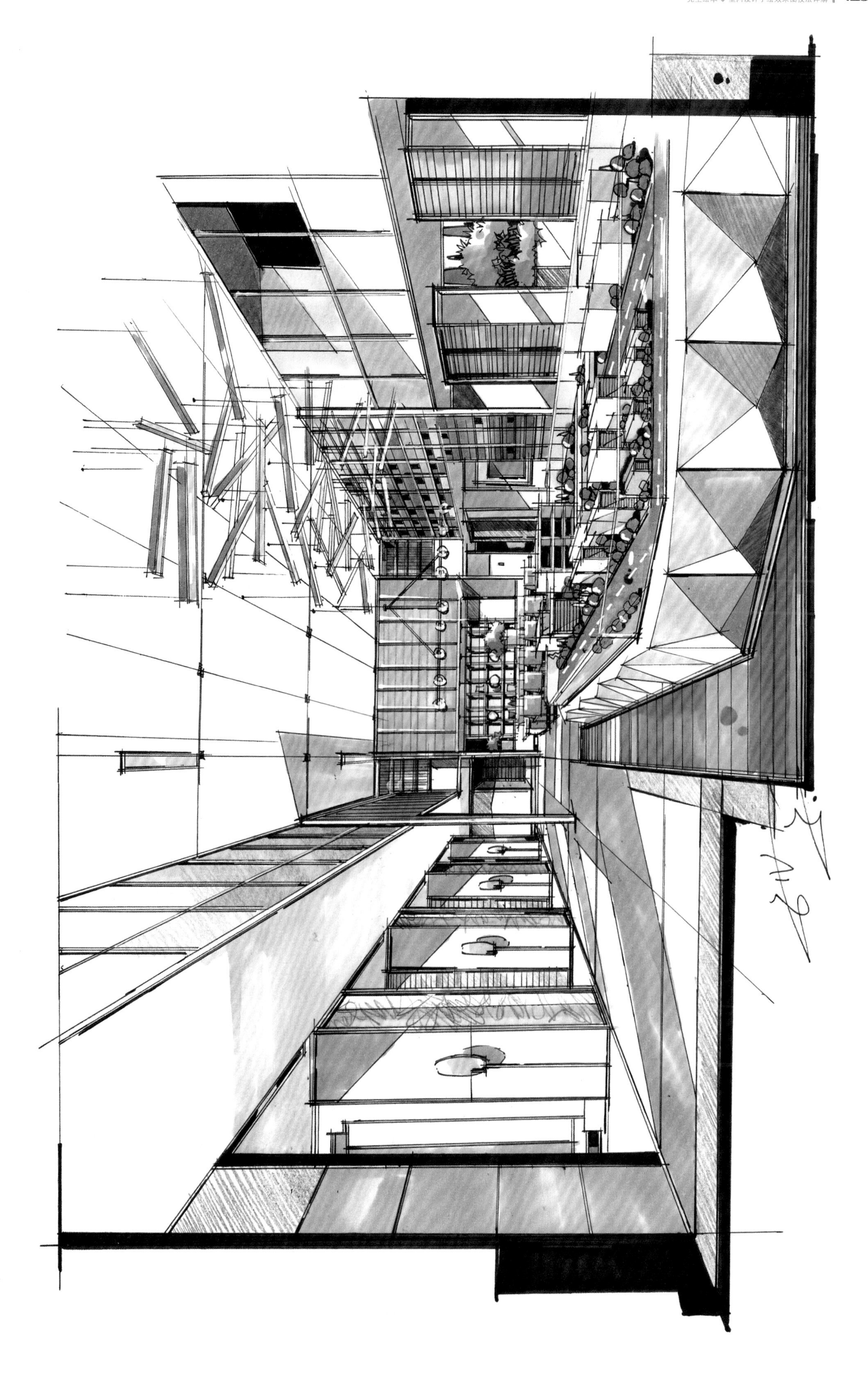

2020.6.17.

2020.1.17

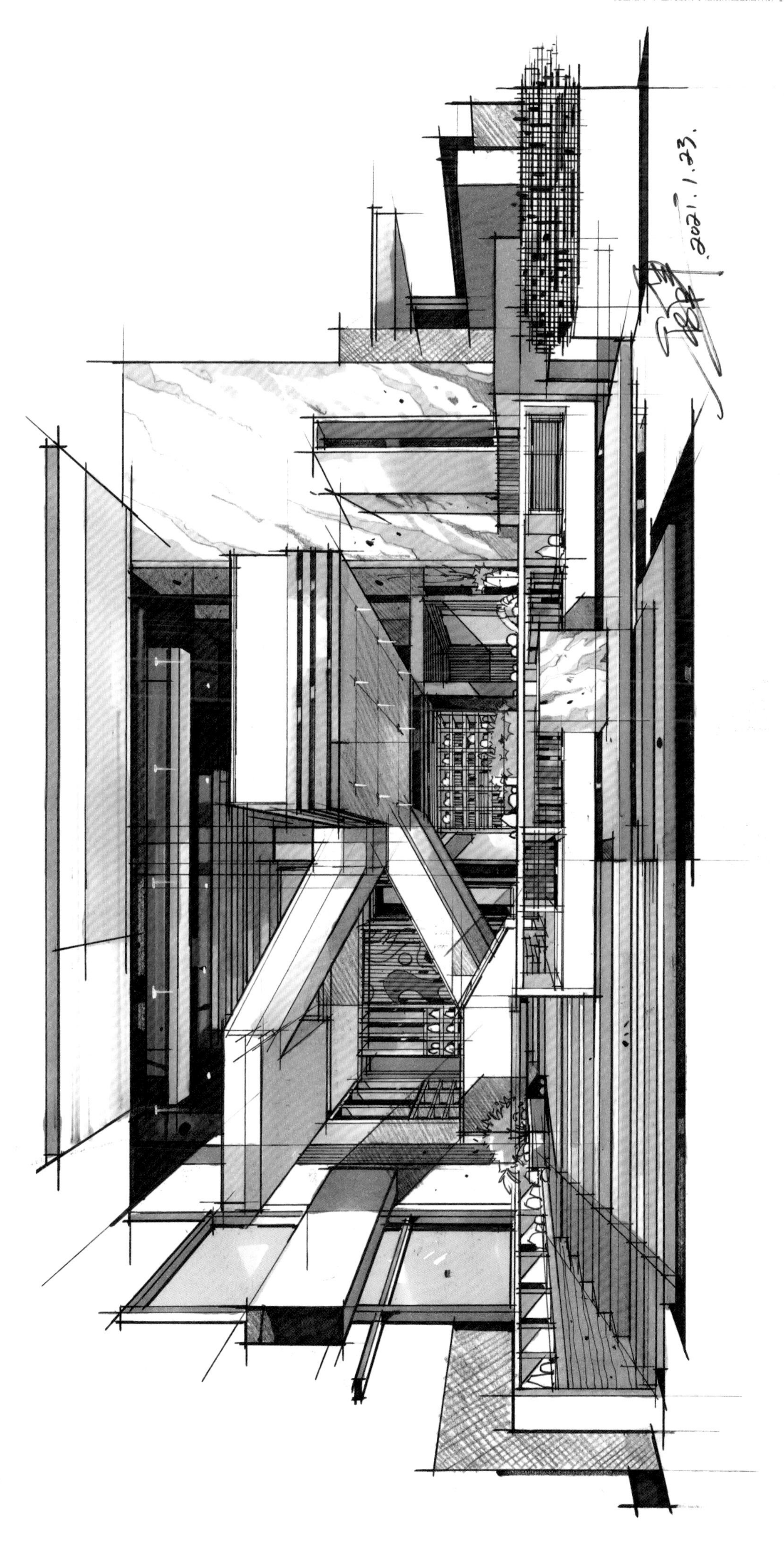